"1+X"（中级）
幼儿照护实训工作手册

主　编　吴润田　郭佩勤
副主编　黄珍玲　黄小萍　罗　莹　黄正美
编　者　石小英　黄美旋　韦艳娜　周玉娟
　　　　韦柳英　张雪丹　马文斌　韦柳春

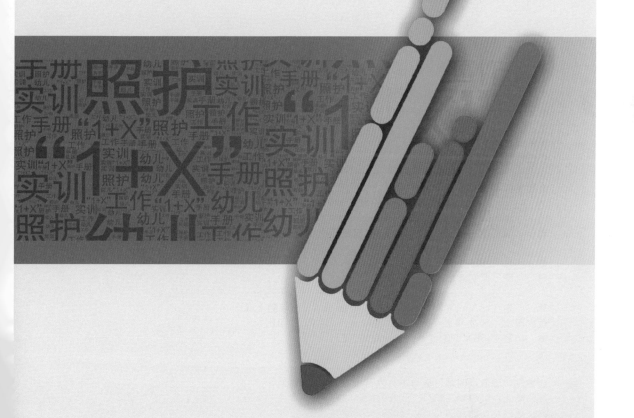

西安交通大学出版社
XI'AN JIAOTONG UNIVERSITY PRESS

国 家 一 级 出 版 社
全国百佳图书出版单位

图书在版编目（CIP）数据

"1＋X"幼儿照护实训工作手册：中级/吴润田，郭佩勤主编. —西安：西安交通大学出版社，2021.8
ISBN 978－7－5693－2216－3

Ⅰ.①1… Ⅱ.①吴… ②郭… Ⅲ.①婴幼儿-哺育-职业技能-鉴定-教材 Ⅳ.①TS976.31

中国版本图书馆 CIP 数据核字(2021)第 135397 号

书　　名	"1＋X"幼儿照护实训工作手册（中级）
主　　编	吴润田　郭佩勤
责任编辑	宋伟丽
责任校对	赵丹青

出版发行	西安交通大学出版社
	（西安市兴庆南路 1 号　邮政编码 710048）
网　　址	http://www.xjtupress.com
电　　话	(029)82668357　82667874（发行中心）
	(029)82668315（总编办）
传　　真	(029)82668280
印　　刷	西安五星印刷有限公司

开　　本	787mm×1092mm　1/16　　印张 9　　字数 136 千字
版次印次	2021 年 8 月第 1 版　2021 年 8 月第 1 次印刷
书　　号	ISBN 978－7－5693－2216－3
定　　价	52.00 元

前 言

　　"1+X"证书制度被认为是新时代职业教育发展模式的一项重大制度创新，是职业教育人才培养模式的重要创新，是促进类型教育内涵发展的重要保障。发展婴幼儿照护服务是保障和改善民生的重要内容，事关婴幼儿健康成长，事关千家万户。按照国务院办公厅印发的《关于促进 3 岁以下婴幼儿照护服务发展的指导意见》，结合《国家职业教育改革实施方案》，围绕助产专业群建设的关键任务，以"1+X"证书制度建设为切入点，实现"1+X"书证融通，创新"1+X"人才培养模式，以"1+X"证书制度推进"三教"改革及教育教学管理模式变革等，我们编写了《"1+X"幼儿照护实训工作手册》（中级），旨在使"1+X"证书制度能够真正落地，复合型技术技能人才培养目标能够达成，从而增强学生就业创业本领，提升学生技能竞争能力。

　　本书依据教育部第三批"1+X"证书制度试点项目幼儿照护职业技能等级证书标准，设置了安全防护、生活照护、日常保健、早期发展、发展环境创设五个模块，包括 21 个实训项目。本书内容实用，语言通俗易懂，编写形式符合新的教学理念。每个实训项目都配有相关视频，可以通过扫描二维码观看，使学生学习不受时间、空间的限制，极大提升学习效率。

　　本书由吴润田、郭佩勤担任主编，由黄珍玲、黄小萍、罗莹、黄正美担任副主编，由石小英、黄美旋、韦艳娜、周玉娟、韦柳英、张雪丹、马文斌、韦柳春担任编者，其中吴润田负责本书架构和理念的设计，郭佩勤负责项目流程的制订。

　　由于编者水平有限，书中可能存在疏漏之处，诚望专家和同行不吝赐教，以便进一步完善，把职业院校"1+X"幼儿照护培训工作做得更好。

编　者

2021 年 5 月

目录

Contents

模块一

安全防护

实训一 食物中毒幼儿的现场救护

▶ 实操案例

明明,男,3岁。暑假的一天,妈妈带明明去看电影,看完电影走在回家的路上,明明说饿了,妈妈看天色已晚,就和明明在路边摊吃晚饭。晚饭后回到家里,明明在看电视的时候,因为肚子痛大哭起来,紧接着出现恶心、呕吐,妈妈焦急万分,不知所措。

▶ 学习目标

完成食物中毒幼儿的现场救护。

▶ 学习任务

1. 如何判断是否为食物中毒?

(1)什么时间进食,进食的食物种类有哪些?

(2)生命体征、神志有何变化?疼痛的部位在哪里?

(3)呕吐物(排泄物)的颜色、性状和量如何?

2. 如何判断食物中毒的程度?

(1)轻度食物中毒的表现是什么?

(2)重度食物中毒的表现是什么?

3. 如何正确实施食物中毒幼儿的现场救护?

(1)轻度食物中毒的处理流程是什么?

(2)重度食物中毒如何处置?

▷ 操作准备

1. 设施设备：照护床(1张)、椅子(1把)、幼儿模型。

2. 物品准备：温盐水、水杯、筷子(汤匙或压舌板)、手消毒液、记录本、笔(图1-1)。

图1-1　食物中毒幼儿的现场救护用品

▷ 操作流程（考试流程）

(口述)各位考官好！我是XX号考生，我要操作的是食物中毒幼儿的现场救护，用物已经准备完毕，请问可以开始操作了吗？

一、评估

1. 幼儿生命体征正常、意识清楚，有惊恐、害怕、哭闹。

2. 环境干净，整洁，安全，温、湿度适宜。

3. (操作)洗手。

二、计划

预期目标(口述)：

1. 轻度食物中毒幼儿的症状缓解。

2. 在进行重度食物中毒幼儿救护的同时，将其及时送往医院。

三、实施

1. 观察情况。

(口述)幼儿1小时前在路边摊吃晚饭，生命体征正常，神志清楚，下腹疼痛，呕吐物含少量食物残渣。

2. 急救处理。

(1)(口述)停止食用并封存可疑食物。

(2)(口述)必要时拨打"120"，送医院救治。

(3)(口述)准备适量25～38℃温盐水，口服催吐。

(4)(口述)小朋友，别怕，阿姨会陪着你，来，我们先喝温盐水。

(操作)抱起幼儿，先给幼儿喝温盐水，再用筷子(汤勺柄或压舌板)刺激幼儿的舌后根，幼儿呕吐后再喝温盐水，再催吐。

(5)(口述)留取第一份标本送检。

(6)(口述)重复上述步骤，反复催吐二三次。

(7)(边说边做)给幼儿喝适量温盐水，补充水和电解质。

(8)(口述)如果幼儿食入毒物超过2小时，且精神尚好，则可服用泻药排毒。

(9)(口述)小朋友，没事了，呕吐出来就好了。

(10)(口述)若幼儿中毒严重，处于休克状态，立即帮助幼儿躺平，头偏向一侧，清除口、鼻分泌物，拨打"120"，送医院急救。

(11)把幼儿抱给家长，(口述)告诉家长已经为幼儿做了催吐处理，让幼儿好好休息。

3. 整理记录。

(1)整理用物，清洁环境。

(2)洗手。

(3)记录。

报告考官，操作完毕。

▶ 评价活动

1. 评价量表(表 1-1)。

表 1-1　评价量表

评价项目	评价要点	分值	师评分	自评分	组评分	平均分	合计
学习态度 (20分)	按时完成自主学习任务	10					
	认真练习	5					
	动作轻柔,爱护模型(教具)	5					
合作交流 (30分)	按流程规范操作,动作熟练	10					
	按小组分工合作练习	10					
	与家长和幼儿沟通有效	10					
学习效果 (50分)	按操作评分标准(总分折合50%)评价(附评分标准)						
合计							

2. 总结反思。

附:食物中毒幼儿的现场救护评分标准

该项操作的评分标准包括评估、计划、实施、评价四个方面的内容,总分为 100 分。测试时间 15 分钟,其中环境和用物准备 3 分钟,操作 12 分钟(表 1-2)。

表1-2 食物中毒幼儿的现场救护评分标准

考核内容		考核点	分值	评分要求	扣分	得分	备注
评估 (15分)	幼儿	生命体征、意识状态	4	未评估扣4分，不完整扣1~2分			
		心理状况：有无惊恐、害怕	2	未评估扣2分，不完整扣1分			
	环境	干净，整洁，安全，温、湿度适宜	3	未评估扣3分，不完整扣1~2分			
	照护者	着装整齐	3	不规范扣1~2分			
	物品	用物准备齐全	3	少一个扣1分			
计划 (5分)	预期目标	口述目标：①轻度食物中毒幼儿中毒症状缓解；②重度食物中毒幼儿救护的同时及时送往医院	5	未口述扣5分			
实施 (60分)	观察情况	1. 进食的时间、食物种类	2	未观察扣2分			
		2. 生命体征、神志、疼痛部位	3	未观察扣3分			
		3. 呕吐物（排泄物）的颜色、性状和量	2	未观察扣2分			
	急救处理	1. 停止食用和封存可疑的食物（口述）	2	未口述扣2分			
		2. 必要时拨打"120"急救电话，送医院救治（口述）	2	未口述扣2分			
		3. 准备适量温盐水（口服催吐）	3	温度不对扣3分，欠妥扣1~2分			
		4. 催吐方法正确（指压或者用筷子、汤勺、压舌板，在舌根部轻压，刺激咽后壁）	10	方法不对扣10分，欠妥扣2~8分			
		5. 留取第一份标本送检（口述）	5	未口述扣5分			
		6.（口述）重复上述步骤，反复催吐	4	未口述扣4分			

续表 1－2

考核内容		考核点	分值	评分要求	扣分	得分	备注
实施 （60分）		7.（口述）准备适量温盐水，补充水、电解质	3	未口述扣3分			
		8. 导泻方法正确（口述）：如果幼儿食入毒物超过2小时，且精神尚好，则可服用泻药加速排毒	3	未口述扣3分			
		9. 关心、安抚幼儿	3	不妥扣1～3分			
		10. 口述重度食物中毒、休克幼儿的救护措施	8	未口述扣8分，不全扣2～8分			
	整理记录	整理用物，清洁环境，安排幼儿休息	5	未整理扣5分，不妥扣2～3分			
		洗手	2	不正确洗手扣2分			
		记录现场救护措施及转归情况	3	不记录扣3分，记录不完整扣1～2分			
评价（20分）		1. 操作规范，动作熟练	5	实施急救过程中有一处错误扣5分			
		2. 救护方法、步骤正确	5				
		3. 态度和蔼，操作过程中动作轻柔，关爱幼儿	5				
		4. 与家属沟通有效，取得合作	5				
总分			100				

（郭佩勤）

实训二 四肢骨折幼儿的现场救护

▷ **实操案例**

　　鑫鑫，3岁，男。在托幼机构的操场上和几个小朋友一起踢球，你踢一下，我踢一下，正玩得高兴时，鑫鑫脚下一滑，跌倒在地上。鑫鑫哭闹不止，左前臂起包，肿胀明显，按压局部疼痛剧烈，不能活动。

▷ **学习目标**

　　完成四肢骨折幼儿的现场救护。

▷ **学习任务**

　　1. 如何判断幼儿是否有四肢骨折？

　　(1)生命体征有何变化？意识状态如何？

　　(2)受伤部位在哪里？疼痛程度如何？有无开放性伤口、出血？有无活动障碍？

　　2. 如何正确实施四肢骨折幼儿的现场救护？

▶ **操作准备**

　　1. 设施设备：照护床(1张)、椅子(1把)、幼儿模型、操作台。

　　2. 物品准备：医用三角巾(1块，36cm×36cm×51cm)、纱布卷(1卷)、衬垫(2块)、夹板(2块)、剪刀(1把)、治疗盘(1个)、弯盘(1个)、手消毒液、签字笔、记录本(图2-1)。

医用三角巾

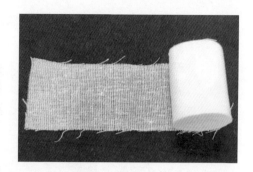

纱布卷

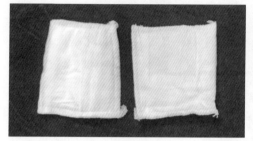

衬垫

夹板

剪刀

治疗盘

弯盘

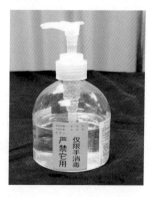

手消毒液

签字笔和记录本

图 2-1　四肢骨折幼儿的现场救护用品

▶ 操作流程（考试流程）

（口述）各位考官好！我是 XX 号考生，我要操作的是四肢骨折幼儿的现场救护，用物已经准备完毕，请问可以开始操作了吗？

一、评估

1. 幼儿生命体征正常、意识清楚，有惊恐、焦虑、哭闹。

2. 环境干净、整洁、安全，温、湿度适宜。

3.（操作）洗手。

二、计划

预期目标（口述）：

1. 减轻幼儿疼痛，初步包扎固定。

2. 配合急救人员完成幼儿的安全搬运。

三、实施

1. 观察情况(口述)。

(1)幼儿左前臂起包,肿胀明显,按压局部疼痛剧烈,不能活动,无开放性伤口和出血。

(2)幼儿神志清楚。

2. 急救处理。

(1)呼救:(口述)这位女士,请帮忙拨打"120"。

(2)安抚:(口述)小朋友,不用怕,不要乱动,阿姨马上帮你处理。

(3)(口述)如为开放性骨折,伤口出血多,应先用纱布覆盖伤口,再用绷带包扎止血。

(4)体位:让家长协助托住幼儿患肢。(口述)家长,请帮忙托住小朋友的左前臂。

(5)患肢固定:

1)(边说边做)用衬垫包裹在肘关节和腕关节处。

(口述)防止夹板直接接触幼儿皮肤伤口,特别是在骨折造成的畸形处或者骨凹凸处,冰敷患处。

(操作)在前臂的掌侧和背侧分别放置 2 块夹板(夹板长度超过肘关节,至腕关节)。

2)(操作)用绷带缠住夹板(正确顺序为中间—远端—近端),在前臂外侧打死结。

3)(操作)检查松紧度,以伸入一指为宜,左上肢屈肘 $90°$,用三角巾经颈部悬吊于胸前。

4)(操作)露出指端,检查末梢血液循环情况。

(6)安全转运:(口述)家长,骨折已初步处理,请尽快把小朋友安全送往医院,注意动作要轻稳,防止触痛伤肢,注意保暖,不要给小朋友进食或饮水。

3. 整理记录。

(1)整理用物。

(2)洗手。

(3)记录。

报告考官，操作完毕。

▶ 评价活动

1. 评价量表(表2-1)。

表2-1 评价量表

评价项目	评价要点	分值	师评分	自评分	组评分	平均分	合计
学习态度 (20分)	按时完成自主学习任务	10					
	认真练习	5					
	动作轻柔，爱护模型(教具)	5					
合作交流 (30分)	按流程规范操作，动作熟练	10					
	按小组分工合作练习	10					
	与家长和幼儿沟通有效	10					
学习效果 (50分)	按操作评分标准(总分折合50%)评价(附评分标准)						
合计							

2. 总结反思。

附：四肢骨折幼儿的现场救护评分标准

该项操作的评分标准包括评估、计划、实施、评价四个方面的内容，总分为100分。测试时间15分钟，其中环境和用物准备5分钟，操作10分钟(表2-2)。

表 2 - 2　四肢骨折幼儿的现场救护评分标准

考核内容		考核点		分值	评分要求	扣分	得分	备注
评估 (15分)	幼儿	生命体征		2	未评估扣2分，不完整扣1分			
		意识状态		2	未评估扣2分，不完整扣1分			
		心理状况：有无惊恐、焦虑		2	未评估扣2分，不完整扣1分			
	环境	干净，整洁，安全，温、湿度适宜		3	未评估扣3分，不完整扣1~2分			
	照护者	着装整齐		3	不规范扣1~2分			
	物品	用物准备齐全		3	少一个扣1分，扣完3分为止			
计划 (5分)	预期目标	1. 减轻幼儿疼痛，初步包扎固定（口述）		3	未口述扣3分			
		2. 配合急救人员完成幼儿安全搬运（口述）		2	未口述扣2分			
实施 (60分)	观察情况	1. 检查幼儿骨折部位有无肿胀和出血，判断伤情和严重程度（口述）		2	未检查扣2分			
		2. 判断疼痛的程度，神志、意识是否清楚（口述）		3	无口述或不正确扣3分			
	急救处理	紧急呼救	拨打"120"急救电话	3	未做扣3分			
		安抚幼儿	对幼儿进行安慰	2	未做扣2分			
		创面止血	如为开放性骨折，伤口出血多，立即止血（口述）	5	未口述扣5分			
		摆放体位	摆放体位正确，肢体制动	5	不正确扣5分，不妥扣1~4分			

考核内容			考核点	分值	评分要求	扣分	得分	备注
实施 （60分）	急救 处理	肢体 固定	夹板位置放置正确（夹板未直接接触幼儿皮肤，特别是在骨折造成的畸形处，或者骨凹凸处，冰敷患处）	5	不正确扣5分，不妥扣2～4分			
			纱布、绷带包扎正确，打结位置正确，不可在伤口上打结	6	不正确扣6分			
			固定松紧适度，以能容纳一指为宜	2	不正确扣2分			
			固定绑扎的顺序正确：中间—远端—近端；夹板长度应该超过骨折端邻近的关节	5	方法不对扣5分			
			注意观察手指末端血运情况	3	未做扣3分			
		保持功能位	固定后可以将受伤的上肢屈肘90°，悬吊于胸前	5	方法不对扣5分			
		安全转运	转运幼儿方法正确，途中处理得当	4	方法不对扣4分			
	整理记录		整理用物	3	无整理扣3分，整理不到位扣1～2分			
			洗手	2	未洗手或不正确扣2分			
			记录受伤时间、伤势情况和救护过程	5	不记录扣5分，记录不完整扣1～3分			

考核内容	考核点	分值	评分要求	扣分	得分	备注
评价 （20分）	1. 操作规范，动作熟练	4	实施救护过程中有一处错误扣1分			
	2. 操作顺序正确	6	顺序有一处错误扣1分			
	3. 搬运幼儿过程中保证安全	5	未做扣5分，不妥扣1～3分			
	4. 态度和蔼，关爱幼儿。与家属沟通有效，取得合作	5	未做扣5分，不妥扣1～3分			
总分		100				

（罗　莹）

实训三 头皮血肿幼儿的现场救护

▷ 实操案例

小强，男，2岁。小强下楼去玩，在楼梯拐角处脚下踩空，身体倒地，头部磕到扶栏上，出现了一个核桃般大小、略鼓起的小青包，皮肤没有磕破，轻触中间稍有凹陷，小强痛得大哭起来。

▷ 学习目标

完成头皮血肿幼儿的现场救护。

▷ 学习任务

1. 如何判断是否为头皮血肿？

(1)什么是头皮血肿？

(2)导致血肿的原因是什么？

(3)幼儿的生命体征、精神状态、心理状态如何？血肿部位在哪里？

2. 如何判断头皮血肿的严重程度？

(1)小血肿的表现是什么？

(2)大血肿的表现是什么？

3. 如何正确实施头皮血肿的现场救护？

(1)小血肿的处理方法是什么？

(2)大血肿如何处置？

▷ 操作准备

1. 设施设备：照护床(1 张)、椅子(1 把)、幼儿模型。

2. 物品准备：冰块或冰袋、小毛巾、碘伏、纱布、棉签、手消毒液、记录本、笔、治疗盘、弯盘(图 3-1)。

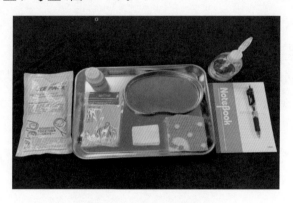

图 3-1　头皮血肿处理用物

▷ 操作流程（考试流程）

(口述)各位考官好！我是 XX 号考生，我要操作的是头皮血肿幼儿的现场救护，用物已经准备完毕，请问可以开始操作了吗？

一、评估

1. 幼儿生命体征正常，意识清楚，面色苍白，有惊恐、害怕。

2. 环境干净，整洁，安全，温、湿度适宜。

3. (操作)洗手。

二、计划

预期目标(口述)：

1. 能正确处理幼儿头皮血肿。

2. 幼儿头皮血肿、疼痛减轻。

3. 病情较重者及时送往医院。

三、实施

1. 观察情况。

(1)幼儿生命体征正常、面色苍白、意识清楚。

(2)幼儿前额有一个核桃般大小、略鼓起的小青包,皮肤没有碰破,无伤口、出血,轻触中间稍有凹陷,疼痛明显。

(3)病情严重者拨打"120"。

2. 急救处理。

(1)安抚:立即将幼儿抱起放在安全、舒适、安静的环境中,给予安抚。(口述)小朋友,怎么哭了?阿姨看看,哦,原来是撞伤了,不哭不哭,阿姨马上帮你处理。

(2)(口述)头皮血肿不能用手揉搓,越揉血肿越大,出血越多,疼痛越强烈。

(3)(边说边做)24小时内进行冷敷,以减少出血、肿胀和疼痛。

(4)冷敷方法。立即取出冰块或冰袋,用小毛巾包裹后敷在血肿处,每次冷敷不超过20分钟,每日可多次冷敷,间隔1~2小时(如果没有冰块或冰袋,也可用冷湿毛巾冷敷止血,4~5分钟更换一次毛巾,每次冷敷20~30分钟,每日可敷多次)。

(5)(口述)冷敷过程中要注意观察幼儿是否有头痛、头晕、恶心、呕吐、躁动不安或嗜睡等异常表现,病情加重者及时送往医院。

(6)(口述)24~48小时后,可以热敷促进血肿吸收。

(7)热敷方法。(口述)可用热水袋(内装60~70℃的热水,用毛巾包好)热敷,或者用热毛巾敷血肿处,每次热敷20~30分钟,每日可敷3~4次。

(口述)热敷时询问幼儿烫不烫,随时观察局部皮肤情况,如发红、起疱,立即停止热敷,热敷后幼儿不能立即外出,避免着凉。

(8)与家属沟通,(口述)幼儿血肿已经初步处理,让幼儿好好休息。

3. 整理记录。

(1)整理用物。

(2)洗手。

（3）记录。

报告考官，操作完毕。

评价活动

1. 评价量表（表 3 - 1）。

表 3 - 1 评价量表

评价项目	评价要点	分值	师评分	自评分	组评分	平均分	合计
学习态度 （20 分）	按时完成自主学习任务	10					
	认真练习	5					
	动作轻柔，爱护模型（教具）	5					
合作交流 （30 分）	按流程规范操作，动作熟练	10					
	按小组分工合作练习	10					
	与家长和幼儿沟通有效	10					
学习效果 （50 分）	按操作评分标准（总分折合 50%）评价（附评分标准）						
合计							

2. 总结反思。

附：头皮血肿幼儿的现场救护评分标准

该项操作的评分标准包括评估、计划、实施、评价四个方面的内容，总分为 100 分。测试时间 15 分钟，其中环境和用物准备 5 分钟，操作 10 分钟（表 3 - 2）。

表 3-2 头皮血肿幼儿的现场救护评分标准

考核内容		考核点	分值	评分要求	扣分	得分	备注
评估 (15分)	幼儿	生命体征、意识状态、面色	4	未评估扣4分,不完整扣1~2分			
		心理状况:有无惊恐、害怕	2	未评估扣2分,不完整扣1分			
	环境	干净,整洁,安全,温、湿度适宜	3	未评估扣3分,不完整扣1~2分			
	照护者	着装整齐	3	不规范扣1~2分			
	物品	用物准备齐全	3	少一个扣1分,扣完3分为止			
计划 (5分)	预期目标	1. 能正确处理幼儿头皮血肿	5	未口述扣5分			
		2. 幼儿疼痛减轻					
		3. 病情较重者及时送往医院					
实施 (60分)	观察情况	1. 幼儿的生命体征、面色、意识状态	2	未观察扣2分			
		2. 查看头皮血肿的部位、体积大小,有无伤口、出血,评估血肿的严重程度、疼痛程度等	5	未观察或不正确扣5分			
		3. 病情严重者拨打"120"(口述)	3	未口述扣3分			
	急救处理	1. 将幼儿抱起放在安全、舒适、安静的环境中,给予安抚	5	未做扣5分			
		2. 头皮血肿不能揉,24小时内进行冷敷,以减少出血、肿胀和疼痛(口述)	5	口述不正确扣5分			
		3. 冷敷方法正确	10	方法不对扣5分,不妥扣2~4分			

考核内容		考核点	分值	评分要求	扣分	得分	备注
实施 (60分)		4. 观察幼儿是否有头痛、头晕、恶心、呕吐、躁动不安或嗜睡等异常表现，病情加重者及时送往医院（口述）	5	未口述扣5分			
		5. 24～48 小时后，可以热敷促进血肿吸收（口述）	5	未口述扣5分			
		6. 热敷方法正确	10	方法不对扣5分，不妥扣2～4分			
	整理记录	整理用物，安排幼儿休息	5	无整理扣5分，整理不到位扣2～3分			
		洗手	2	不正确洗手扣2分			
		记录救护情况	3	不记录扣3分，记录不完整扣1～2分			
评价 (20分)		1. 操作规范，动作熟练	5	实施急救过程中有一处错误扣1分			
		2. 冷、热敷方法正确	5				
		3. 态度和蔼，操作过程中动作轻柔，关爱幼儿	5				
		4. 与家属沟通有效，取得合作	5				
总分			100				

（黄小萍）

实训四 毒蜂蜇伤幼儿的现场救护

▶ 实操案例

在阳光明媚的午后,妈妈带着3岁的欢欢在公园里玩耍。花坛里的鲜花盛开,蝴蝶、蜜蜂翩翩起舞,欢欢和妈妈一起捉蝴蝶。突然欢欢的胳膊上出现一片红肿,欢欢大声哭起来,妈妈焦急万分,不知所措。

▶ 学习目标

完成毒蜂蜇伤幼儿的现场救护。

▶ 学习任务

1. 如何判断是否为毒蜂蜇伤?

(1)什么时间被毒蜂蜇伤,毒蜂的种类如何?

(2)幼儿生命体征、神志有何变化?蜇伤部位在哪里?

2. 如何判断毒蜂蜇伤的程度?

(1)轻度毒蜂蜇伤表现是什么?

(2)重度毒蜂蜇伤表现是什么?

3. 如何正确实施毒蜂蜇伤幼儿的现场救护?

(1)轻度毒蜂蜇伤的处理流程是什么?

(2)重度毒蜂蜇伤如何处置?

▷ 操作准备

1. 设施设备：照护床（1 张）、椅子（1 把）、幼儿模型。

2. 物品准备：镊子、肥皂水、碳酸氢钠溶液、抗组胺软膏、碘伏、棉签、手消毒液、记录本、笔（图 4 - 1）。

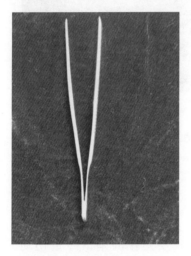

镊子

肥皂水

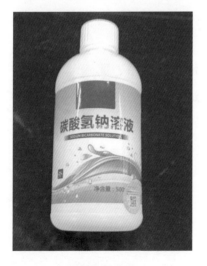

碳酸氢钠溶液

抗组胺软膏

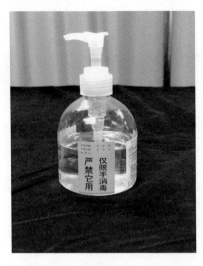
手消毒液

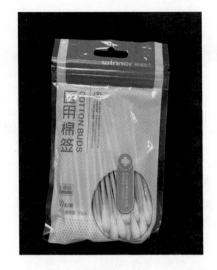
棉签

图 4-1 毒蜂蜇伤的救护用物

操作流程（考试流程）

（口述）各位考官好！我是 XX 号考生，我要操作的是毒蜂蜇伤幼儿的现场救护，用物已经准备完毕，请问可以开始了吗？

一、评估

1. 幼儿生命体征正常，意识清楚，有惊恐、害怕、哭闹。

2. 环境干净、整洁、安全，温、湿度适宜。

3.（操作）洗手。

二、计划

预期目标（口述）：

1. 蜂刺被拔出。

2. 幼儿皮肤红肿、疼痛等不适减轻。

3. 病情较重者及时送往医院。

三、实施

1. 观察情况。

（操作）检查蜇伤部位，（口述）幼儿右胳膊被蜜蜂蜇伤，伤口红肿、疼痛难忍，无荨麻疹、水肿、呼吸困难等过敏反应，无其他全身症状。

2. 急救处理。

（1）（边说边做）将幼儿抱离蜂蜇环境，放在安全、舒适、安静的环境中。

（2）（口述）小朋友，不要害怕，让阿姨帮你看看，可发现幼儿皮肤内留有蜂刺。

（3）（边说边做）用镊子沿着蜂刺的反方向小心拔出毒刺。

（4）（口述）毒刺附近有毒腺囊时，不要用镊子夹取，可用针挑出毒腺囊及毒刺。

（5）（边说边做）用手从近心端向远心端挤出毒液。

（6）（口述）用肥皂水或 2％～3％碳酸氢钠溶液冲洗伤口，中和毒素。

（7）（边说边做）局部伤口涂抹碘伏、抗组胺软膏，保持患肢处于低位。

（8）（口述）如幼儿蜇伤严重应立即送往医院救治。

（9）告知幼儿，（口述）没事了，阿姨已经帮你处理好了。把幼儿抱给家长，（口述）已经为幼儿拔出蜂刺，让幼儿好好休息。

3. 整理记录。

（1）整理用物。

（2）洗手。

（3）记录。

报告考官，操作完毕。

▶ **评价活动**

1. 评价量表（表 4 - 1）。

表4-1 评价量表

评价项目	评价要点	分值	师评分	自评分	组评分	平均分	合计
学习态度 (20分)	按时完成自主学习任务	10					
	认真练习	5					
	动作轻柔，爱护模型(教具)	5					
合作交流 (30分)	按流程规范操作，动作熟练	10					
	按小组分工合作练习	10					
	与家长和幼儿沟通有效	10					
学习效果 (50分)	按操作评分标准(总分折合50%)评价(附评分标准)						
合计							

2. 总结反思。

附：毒蜂蜇伤幼儿的现场救护评分标准

该项操作的评分标准包括评估、计划、实施、评价四个方面的内容，总分为100分。测试时间10分钟，其中环境和用物准备2分钟，操作8分钟(表4-2)。

表4-2 毒蜂蜇伤幼儿的现场救护评分标准

考核内容		考核点	分值	评分要求	扣分	得分	备注
评估 (15分)	幼儿	生命体征、意识状态	4	未评估扣4分，不完整扣1～2分			
		心理状况：有无惊恐、害怕	2	未评估扣2分，不完整扣1分			
	环境	干净，整洁，安全，温、湿度适宜	3	未评估扣3分，不完整扣1～2分			
	照护者	着装整齐	3	不规范扣1～2分			

考核内容		考核点	分值	评分要求	扣分	得分	备注
	物品	用物准备齐全	3	少一个扣 1 分，扣完 3 分为止			
计划（5分）	预期目标	1. 幼儿蜂刺被拔出	5	未口述扣 5 分			
		2. 幼儿皮肤红肿、疼痛等不适减轻					
		3. 病情较重者及时送往医院					
实施（60分）	观察情况	1. 检查局部蜇伤的情况	2	未检查扣 2 分			
		2. 评估有无过敏及其他全身症状	3	无口述或不正确扣 3 分			
	急救处理	1. 将幼儿放在安全、舒适、安静的环境中	5	不正确扣 5 分			
		2. 检查皮肤内是否留有蜂刺	5	未检查扣 5 分			
		3. 拔出蜂刺方法正确	10	不正确扣 10 分			
		4. 处理毒腺囊的方法正确（口述）	5	未口述扣 5 分			
		5. 挤出毒液的方法正确	5	方法不对扣 5 分			
		6. 清洗伤口方法正确	5	方法不对扣 5 分，不妥扣 2～4 分			
		7. 选取清洗溶液正确	5	不正确扣 5 分			
		8. 口述严重蜇伤、过敏反应的表现	5	未口述扣 5 分			
	整理记录	整理用物，安排幼儿休息	5	无整理扣 5 分，整理不到位扣 2～3 分			
		洗手	2	不正确洗手扣 2 分			
		记录救护情况	3	不记录扣 3 分，记录不完整扣 1～2 分			

考核内容	考核点	分值	评分要求	扣分	得分	备注
评价 (20分)	1. 操作规范，动作熟练	5	实施急救过程中有一处错误扣1分			
	2. 拔除毒刺步骤正确	5				
	3. 态度和蔼，操作过程中动作轻柔，关爱幼儿	5				
	4. 与家属沟通有效，取得合作	5				
总分		100				

（韦柳英　马文斌）

实训五　触电幼儿的现场救护

▶ 实操案例

小枫，男，2岁。比较调皮，喜欢乱摸乱碰，趁托幼机构老师不注意，拿着小刀插入插座里面，突然间小枫全身抽搐，面色苍白，惊叫一声倒在了地上。老师被这突然发生的状况吓得不知所措。

▶ 学习目标

能快速、正确地完成触电幼儿的现场救护。

▶ 学习任务

1. 掌握幼儿触电的常见原因。

(1)安全教育不到位。

(2)对幼儿看管不当或管教不严。

2. 如何评估触电幼儿的受伤情况？

(1)全身表现有哪些？

(2)局部表现有哪些？

3. 如何正确实施触电幼儿的现场救护？

(1)正确掌握触电现场救护的原则及处理措施。

(2)轻度触电幼儿的处理方法是什么？

(3)重度触电幼儿应如何急救？

▷ 操作准备

1. 设施设备：照护床(1张)、椅子(1把)、幼儿模型。

2. 物品准备：木棍、纱布、碘伏、棉签、治疗盘、弯盘、手电筒、手消毒液、记录本、笔(图5-1)。

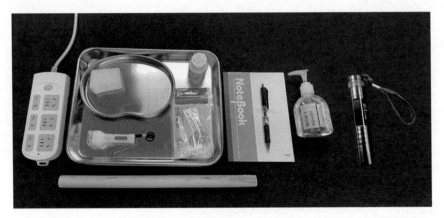

图5-1 触电紧急处理用物

▷ 操作流程（考试流程）

(口述)各位考官好！我是XX号考生，我要操作的是触电幼儿的现场救护，用物已经准备完毕，请问可以开始了吗？

一、评估

1. 幼儿全身抽搐，倒地，生命体征异常，意识不清，有惊恐，无反应。

2. 环境干燥、整洁、安全，适宜抢救。

3. 救护者手部干燥，衣着绝缘。

二、计划

预期目标(口述)：

1. 幼儿脱离电源，将其转移至安全的环境。

2. 病情较重者送至医院。

三、实施

1. 观察情况：（口述）幼儿拿着小刀插入插座后晕倒，无反应，记录时间。

2. 脱离电源：根据设置情境选用正确的救护方法。

（1）（边说边做）救护者自身保护：手部干燥，衣着绝缘。

（2）（边说边做）干燥环境：使幼儿迅速脱离电源，关闭电源开关或者用干燥的木棒、竹竿等绝缘物体拨开电线，再把幼儿转移到安全环境，进行救护。

（3）（口述）潮湿环境：救助前救护者戴好胶皮手套，穿上绝缘胶鞋，或者站在干燥的木板上，保证自身安全后，再进行救护，并及时拨打"120"求救。

（4）（口述）高压触电：立即通知有关部门停电，方可进行急救。

3. 评估幼儿：让幼儿仰面躺在木板或地板上，解开衣裤。

（1）（边说边做）判断意识：大声喊幼儿名字，拍打其双侧肩膀。

（2）（操作）判断呼吸：如果触电幼儿神志不清，在 5 秒钟内，通过"看、听、试"来判断有无自主呼吸。

（3）（操作）判断脉搏：触摸颈动脉是否有搏动。

4. 急救处理：根据受伤情况决定急救方法。

（1）（口述）判断严重程度。

1）轻症：幼儿神志清楚，呼吸、心跳均自主。

2）重症：幼儿意识丧失，呼吸、心跳已停止。

（2）（口述）轻症幼儿处理：神志清楚，呼吸、心跳均自主的幼儿，应悉心安慰，消除其恐惧心理，嘱其就地平卧，保持环境安静，密切观察1～2小时，暂时不要站立或走动，防止继发休克或心力衰竭。

（3）（口述）重症幼儿处理：意识丧失，呼吸、心跳已停止的幼儿，应拨打"120"，立即行心肺复苏术。

（4）（操作）处理电击伤时，如有皮肤外伤、灼伤均需同时进行消毒、包扎处理。

5.(口述)轻症幼儿转危为安后，把幼儿抱给家长，告知家长，经过抢救，幼儿已经没事了，让幼儿好好休息。重症幼儿交由"120"急救人员送往医院继续救治。

6. 整理记录。

(1)整理用物。

(2)洗手。

(3)记录。

报告考官，操作完毕。

▶ 评价活动

1. 评价量表(表5-1)。

表5-1 评价量表

评价项目	评价要点	分值	师评分	自评分	组评分	平均分	合计
学习态度 (20分)	按时完成自主学习任务	10					
	认真练习	5					
	动作轻柔，爱护模型(教具)	5					
合作交流 (30分)	按流程规范操作，动作熟练	10					
	按小组分工合作练习	10					
	与家长和幼儿沟通有效	10					
学习效果 (50分)	按操作评分标准(总分折合50%)评价(附评分标准)						
合计							

2. 总结反思。

附：触电幼儿的现场救护评分标准

该项操作的评分标准包括评估、计划、实施、评价四个方面的内容，总分为100分。测试时间10分钟，其中环境和用物准备2分钟，操作8分钟（表5-2）。

表5-2　触电幼儿的现场救护评分标准

考核内容		考核点	分值	评分要求	扣分	得分	备注
评估 （15分）	幼儿	生命体征、意识状态	3	未评估扣3分，不完整扣1~2分			
		心理状况：有无惊恐、害怕	2	未评估扣2分，不完整扣1分			
	环境	环境安全，适宜抢救	3	未评估扣3分			
	照护者	着装整齐	3	不规范扣1~2分			
	物品	用物准备齐全	4	少一个扣1分，扣完4分为止			
计划 （5分）	预期目标	幼儿脱离电源，将其转移至安全环境。病情较重者送至医院	5	未口述扣5分			
实施 （60分）	观察情况	观察触电现场、电源情况，记录时间	5	未执行扣5分			
	脱离电源	根据设置情境选用救护方法正确	10	选择方法错误扣10分			
		救护者自身保护	10	未做扣10分			
	评估幼儿	判断意识状态方法正确	3	不正确扣3分			
		判断呼吸方法正确	3	不正确扣3分			
		判断脉搏方法正确	3	不正确扣3分			
	急救处理	口述判断严重程度的标准	5	口述不准确扣5分			
		口述轻症幼儿的处理方法	3	口述不准确扣3分			
		口述重症幼儿的处理方法	3	口述不准确扣3分			
		皮肤伤口处理方法正确	5	未处理扣5分			

考核内容		考核点	分值	评分要求	扣分	得分	备注
实施 （60分）	整理 记录	整理用物	2	未执行扣2分			
		安排幼儿休息或者送幼儿去医院	5	未执行扣5分			
		记录救护的时间和过程	3	不记录扣3分，记录不完整扣 1～2分			
评价 （20分）		1. 操作规范，动作熟练	6				
		2. 判断准确，处理恰当	4				
		3. 体现人文关怀	5				
		4. 与家属沟通有效，取得合作	5				
总分			100				

（黄珍玲）

模块二

生活照护

实训六 幼儿水杯饮水指导

▶ 实操案例

橙橙,男,2岁。在家里一直使用奶瓶喝水,从来没有使用过水杯喝水。妈妈想让他用水杯喝水,却又不知道用什么样的水杯好,是用鸭嘴杯好还是用吸管杯好?妈妈不知道怎么选择,很是焦虑。

▶ 学习目标

指导幼儿用水杯喝水。

▶ 学习任务

1. 如何指导幼儿用水杯喝水?
2. 如何培养幼儿良好的饮水习惯?

▶ 操作准备

1. 设施设备:照护床(1张)、椅子(1把)、幼儿模型。
2. 物品准备:签字笔、记录本、水杯、手消毒液(图6-1)。

图 6-1 幼儿水杯饮水指导用品

▷ 操作流程（考试流程）

（口述）各位考官好！我是 XX 号考生，我要操作的是幼儿水杯饮水指导，用物已经准备完毕，请问可以开始操作了吗？

一、评估

1. 幼儿意识清楚，能自行饮水，愿意配合，无惊恐、焦虑。

2. 环境干净、整洁、安全，温、湿度适宜。

3.（操作）洗手。

二、计划

预期目标（口述）：指导幼儿用水杯喝水。

三、实施

1. 观察情况。

（1）幼儿一直用奶瓶喝水，未使用过水杯。

（2）目前幼儿口渴，想喝水。

2. 处理措施。

（1）挑选水杯：摆好 3 个杯子。（口述）小朋友，你喜欢哪个杯子？这个，是吗？好的，那就用这个杯子吧。

（2）鼓励幼儿：（口述）小朋友，我们自己用水杯来喝水，好不好？你那么棒，一定可以的。我们来试一下吧！

（3）正确示范：边示范喝水的慢动作边观察幼儿。（口述）小朋友，来，跟着姐姐学习喝水，像姐姐一样，用双手拿稳水杯，放到嘴边一小口一小口地喝。

（4）实物引导学习：（口述）如果幼儿对用水杯喝水抗拒，可在水杯中放幼儿喜欢喝的果汁或牛奶，激发幼儿的兴趣，诱导幼儿用水杯喝水。

（5）采用游戏的方式：（口述）在喝水的过程中可与幼儿玩一些喝水的游戏，并配合使用夸张的表情，吸引幼儿的注意力，让幼儿觉得喝水是一件有趣的事。

3. 整理记录

（1）整理用物。

（2）安排幼儿休息。

（3）洗手。

（4）记录。

报告考官，操作完毕。

▶ 评价活动

1. 评价量表（表6-1）。

表6-1 评价量表

评价项目	评价要点	分值	师评分	自评分	组评分	平均分	合计
学习态度 （20分）	按时完成自主学习任务	10					
	认真练习	5					
	动作轻柔，爱护模型（教具）	5					

续表 6－1

评价项目	评价要点	分值	师评分	自评分	组评分	平均分	合计
合作交流 （30分）	按流程规范操作，动作熟练	10					
	按小组分工合作练习	10					
	与家长和幼儿沟通有效	10					
学习效果 （50分）	按操作评分标准（总分折合50％）评价（附评分标准）						
合计							

2. 总结反思。

附：幼儿水杯饮水指导的评分标准

该项操作的评分标准包括评估、计划、实施、评价四个方面的内容，总分为100分。测试时间8分钟，其中环境和用物准备5分钟，操作3分钟（表6－2）。

表6－2　幼儿水杯饮水指导的评分标准

考核内容		考核点	分值	评分要求	扣分	得分	备注
评估 （15分）	幼儿	意识状态、饮水情况	4	未评估扣4分，不完整扣1～2分			
		心理状况、配合程度	2	未评估扣2分，不完整扣1分			
	环境	干净、整洁、安全，温、湿度适宜	3	未评估扣3分，不完整扣1～2分			
	照护者	着装整齐，洗手	3	不规范扣1～2分			
	物品	用物准备齐全	3	少一个扣1分，扣完3分为止			
计划 （5分）	预期目标	口述：指导幼儿用水杯喝水	5	未口述扣5分			

考核内容		考核点	分值	评分要求	扣分	得分	备注
实施 (60分)	观察 情况	1. 检查幼儿饮水情况	5	未检查扣5分			
		2. 评估幼儿目前饮水情况	5	未评估扣5分			
	处理 措施	1. 挑选幼儿喜爱的水杯	6	不正确扣3分			
		2. 适当的鼓励	8	不正确扣5分			
		3. 正确的示范	8	不正确扣5分			
		4. 实物引导学习	8	不正确扣5分			
		5. 采用游戏的方式	10	不正确扣5分			
	整理 记录	整理用物，安排幼儿休息	5	无整理扣5分，整理不到位扣2～3分			
		洗手	2	不正确洗手扣2分			
		记录幼儿饮水情况	3	不记录扣3分，记录不完整扣1～2分			
评价 (20分)		1. 操作规范，动作熟练	5				
		2. 幼儿良好饮水习惯培养	5				
		3. 指导过程中动作轻柔	5				
		4. 态度和蔼，关爱幼儿	5				
总分			100				

（周玉娟）

实训七 幼儿刷牙指导

▷ 实操案例

东东，男，2岁。牙齿已经长齐了，平时在家里都是父母帮助他清洁牙齿，现在东东要去托幼机构生活了，父母想让东东自己掌握正确刷牙的方法，东东在家练习刷牙时要么弄痛了自己，要么弄湿了自己，家长比较着急。

▷ 学习目标

完成幼儿刷牙指导。

▷ 学习任务

1. 认识幼儿正确刷牙的重要性。

(1)清洁口腔，预防微生物滋生，预防蛀牙。

(2)促进对营养物质的消化、吸收，有利于生长发育。

2. 影响幼儿口腔卫生的因素有哪些？

3. 如何正确实施幼儿刷牙指导？

(1)如何正确选择幼儿牙膏和牙刷？

(2)幼儿何时需要进行刷牙？每次刷牙需多长时间？

(3)刷牙的正确顺序是什么？

▷ 操作准备

1. 设施设备：面盆(1个)、口腔仿真模型(1个)。

2. 物品准备：儿童牙膏、儿童牙刷、儿童漱口杯、毛巾、手消毒液、签字笔、记录本、温水适量(图 7-1)。

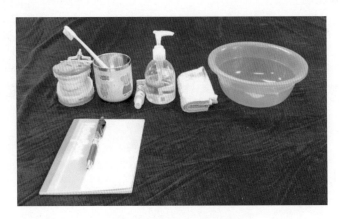

图 7-1　幼儿刷牙指导用物

▷ 操作流程（考试流程）

(口述)各位考官好！我是 XX 号考生，我要操作的是幼儿刷牙指导，用物已经准备完毕，请问可以开始操作了吗？

一、评估

1. 幼儿生命体征正常、意识清楚，无惊慌、焦虑。

2. 环境干净、整洁、安全，温度、湿度适宜。

3. (操作)洗手。

二、计划

预期目标(口述)：幼儿牙齿清洁干净，身心愉悦。

三、实施

1. 观察情况。

(口述)幼儿牙齿已长齐，口腔黏膜无破损，牙齿上有食物残渣。

2. 刷牙处理。

(1)(边说边做)将牙刷用温水浸泡1～2分钟。

(2)(边说边做)挤牙膏到牙刷上，黄豆粒大小即可。

(3)(边说边做)小朋友，手握牙刷柄后三分之一，让我们来刷牙吧!

(4)先刷前牙唇侧，上下刷，刷8～10次。

再刷上牙前腭面，刷8～10次。

再刷下牙舌面，刷8～10次。

再刷后牙颊面，刷8～10次。

再刷后牙舌面，刷8～10次。

最后刷牙齿的咬合面，刷8～10次。

(5)(口述)含水，漱口，再吐掉。刷完牙，用温水漱口，含漱几次，直到牙膏泡沫完全清洗干净。

(6)(边说边做)用小毛巾擦干嘴角和面部。

(7)告知家长，(口述)幼儿学会正确刷牙了，表现很棒，让其好好休息。

3. 整理记录。

(1)整理用物。

(2)洗手。

(3)记录。

报告考官，操作完毕。

▷ 评价活动

1. 评价量表(表7-1)。

表7-1 评价量表

评价项目	评价要点	分值	师评分	自评分	组评分	平均分	合计
学习态度 (20分)	按时完成自主学习任务	10					
	认真练习	5					
	动作轻柔，爱护模型(教具)	5					
合作交流 (30分)	按流程规范操作，动作熟练	10					
	按小组分工合作练习	10					
	与家长和幼儿沟通有效	10					
学习效果 (50分)	按操作评分标准(总分折合50%)评价(附评分标准)						
合计							

2. 总结反思。

附：幼儿刷牙指导的评分标准

该项操作的评分标准包括评估、计划、实施、评价四个方面的内容，总分为100分。测试时间8分钟，其中环境和用物准备3分钟，操作5分钟(表7-2)。

实训七

表7-2 幼儿刷牙指导的评分标准

考核内容		考核点	分值	评分要求	扣分	得分	备注
评估 (15分)	幼儿	生命体征、意识状态	4	未评估扣4分，不完整扣1～2分			
		心理状况：有无惊恐、焦虑	2	未评估扣2分，不完整扣1分			
	环境	干净、整洁、安全，温、湿度适宜	3	未评估扣3分，不完整扣1～2分			
	照护者	着装整齐	3	不规范扣1～2分			

考核内容		考核点	分值	评分要求	扣分	得分	备注
	物品	用物准备齐全	3	少一个扣 1 分，扣完 3 分为止			
计划 （5分）	预期 目标	口述：幼儿牙齿清洁干净，身心愉悦	5	未口述扣 5 分			
实施 （60分）	观察 情况	观察幼儿口腔情况、牙齿清洁状况	5	不正确扣 5 分			
	刷牙 处理	1. 将牙刷用温水浸泡 1～2 分钟	5	未浸泡牙刷扣 5 分，欠标准扣 2 分			
		2. 取适量牙膏置于牙刷上	5	未实施扣 5 分			
		3. 手握牙刷柄后 1/3	5	方法不对扣 5 分			
		4. 先刷前牙唇侧；再刷上牙前腭面，下牙舌面；再刷后牙颊面；再刷后牙舌面；最后刷牙咬合面	20	6 个面遗漏 1 面扣 5 分，方法错误扣 10 分			
		5. 用温水含漱数次，直至牙膏泡沫完全清洗干净	5	未含漱扣 5 分，欠干净扣 3 分			
		6. 擦洗幼儿嘴角及面部	5	未实施扣 5 分			
	整理 记录	整理用物，安排幼儿休息	5	未整理扣 5 分，整理不到位扣 2～3 分			
		洗手	2	不正确洗手扣 2 分			
		记录刷牙情况	3	不记录扣 3 分，记录不完整扣 1～2 分			
评价 （20分）		1. 操作规范，动作熟练	5				
		2. 幼儿口腔清洁干净	5				
		3. 态度和蔼，操作过程中动作轻柔，关爱幼儿	5				
		4. 与家属沟通有效，取得合作	5				
总分			100				

（韦艳娜）

实训八 幼儿进餐指导

▶ **实操案例**

营营,男,2岁。在某托幼机构的餐饮区,小朋友们坐在小餐桌旁,都在专心地吃饭,只有营营边吃饭边看视频,慢慢地嚼着嘴里的饭,眼看上课的时间就要到了,营营想快速吃却咽不下去,委屈地哭起来。

▶ **学习目标**

完成幼儿进餐指导。

▶ **学习任务**

1. 能识别幼儿不良饮食习惯的表现。

(1)能说出幼儿存在的不良饮食习惯。

(2)能说出纠正幼儿不良饮食习惯的方法。

2. 能够创设良好的幼儿进餐环境。

(1)能根据不同幼儿的饮食习惯布置就餐环境。

(2)能为幼儿创设轻松愉悦的就餐氛围。

3. 指导幼儿正确进餐。

(1)能对幼儿及其家长进行餐前教育。

(2)能训练幼儿使用餐具,培养幼儿良好的进餐习惯。

▷ 操作准备

1. 设施设备：照护床(1张)、餐椅(1把)、幼儿模型。

2. 物品准备：儿童餐具(2套，小碗、勺子、水杯)、围嘴、手帕、手消毒液、记录本、笔(图8-1)。

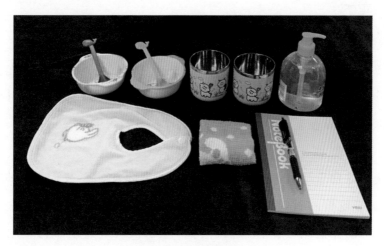

图8-1　进餐用物

▷ 操作流程（考试流程）

(口述)各位考官好！我是XX号考生，我要操作的是幼儿进餐指导，用物已经准备完毕，请问可以开始操作了吗？

一、评估

1. 幼儿2岁，习惯边看视频边吃饭，饮食环境有视频干扰；幼儿无厌食，有焦虑。

2. 环境干净、整洁、安全，温、湿度适宜。

3. (操作)洗手。

二、计划

预期目标(口述):

1. 对幼儿及其家长顺利完成餐前教育。

2. 培养幼儿良好的进餐习惯。

三、实施

1. 进餐前准备。

(1)指导幼儿洗手。(边说边做)小朋友,吃饭时间到了,我们先去洗手。

(2)(边说边做)幼儿协助做好餐前准备,小朋友摆好自己的小碗、勺子、水杯,戴好围嘴,在餐椅上坐好。

2. 进餐训练。

(1)注意饮食卫生和就餐礼仪:(口述)小朋友们,我们要用勺子吃饭,不能用手抓,吃饭的时候不能大声说话。

(2)训练幼儿使用餐具:(边说边做)左手扶碗,右手拿勺,用勺子舀食物送入口中。

(3)合理控制进餐时间:(口述)小朋友们,我们要在30分钟内吃完饭哦,现在老师开始计时了。

(4)进食速度要适当:(口述)要一口一口吃,细嚼慢咽,闭口咀嚼,一口咽下后再吃另一口。

(5)(口述)进食总量适度,不挑食。

(6)(边说边做)小朋友吃饱了,我们一起收拾餐具吧。吃完饭,要洗手,漱口(用杯子喝水、漱口),用手帕来擦擦嘴,解下围嘴。

(7)告知家长:(口述)今天小朋友们表现很棒,自己会吃饭了,以后要养成良好的进餐习惯。

3. 整理记录。

(1)整理用物。

(2)洗手。

(3)记录。

报告考官，操作完毕。

▶ 评价活动

1. 评价量表（表8-1）。

表8-1 评价量表

评价项目	评价要点	分值	师评分	自评分	组评分	平均分	合计
学习态度 （20分）	按时完成自主学习任务	10					
	认真练习	5					
	动作轻柔，爱护模型（教具）	5					
合作交流 （30分）	按流程规范操作，动作熟练	10					
	按小组分工合作练习	10					
	与家长和幼儿沟通有效	10					
学习效果 （50分）	按操作评分标准（总分折合50％）评价（附评分标准）						
合计							

2. 总结反思。

附：幼儿进餐指导评分标准

该项操作的评分标准包括评估、计划、实施、评价四个方面的内容，总分为100分。测试时间8分钟，其中环境和用物准备5分钟，操作3分钟（表8-2）。

表 8-2 幼儿进餐指导评分标准

考核内容		考核点	分值	评分要求	扣分	得分	备注
评估 (15分)	幼儿	年龄、饮食习惯、饮食环境	4	未评估扣4分，不完整扣1~2分			
		心理状况：有无厌食、焦虑	2	未评估扣2分，不完整扣1分			
	环境	干净、整洁、安全，温、湿度适宜	3	未评估扣3分，不完整扣1~2分			
	照护者	着装整齐，洗手	3	不规范扣1~2分			
	物品	用物准备齐全	3	少一个扣1分，扣完3分为止			
计划 (5分)	预期目标	口述：1. 对幼儿及其家长顺利完成餐前教育。2. 培养幼儿良好的进餐习惯	5	未口述扣5分			
实施 (60分)	进餐前准备	1. 幼儿洗净双手	2	未完成扣2分			
		2. 幼儿协助做好餐前准备	3	未口述或不正确扣3分			
	进餐训练	1. 注意饮食卫生和就餐礼仪	5	未口述扣5分			
		2. 训练幼儿使用餐具	5	训练方法不妥扣2~5分			
		3. 合理控制进餐时间	5	未设置时间扣5分			
		4. 进食速度要适当	15	未引导扣5分，态度急促、催促扣10分			
		5. 进食总量要适度，不挑食	10	未口述扣10分			
		6. 进餐结束，协助清洁卫生	5	未完成扣5分			
	整理记录	整理用物	5	无整理扣5分，整理不到位扣2~3分			
		洗手	2	不正确洗手扣2分			
		记录幼儿进餐情况	3	不记录扣3分，记录不完整扣1~2分			

考核内容	考核点	分值	评分要求	扣分	得分	备注
评价 （20 分）	1. 操作规范，动作熟练	5	实施过程中有一处错误扣 2 分			
	2. 幼儿能愉快完成进餐	5				
	3. 态度和蔼，操作过程中动作轻柔，关爱幼儿	5				
	4. 与家属沟通有效，取得合作	5				
总分		100				

（黄美旋　韦柳春）

实训九　幼儿如厕指导

▷ 实操案例

贝贝，男，2岁。托幼机构老师发现贝贝不喜欢喝水，询问后才知道他不愿意在学校上厕所，因为厕所和家里的不一样。老师耐心解释后也没有好转，很是焦虑。

▷ 学习目标

完成幼儿如厕的指导。

▷ 学习任务

1. 如何正确指导幼儿如厕？
2. 幼儿如厕指导的操作流程有哪些？

▷ 操作准备

1. 设施设备：便盆(1个)、幼儿模型。
2. 物品准备：小内裤(1条)、长裤(1条)、手消毒液、签字笔、记录本(图9-1)。

图 9-1　幼儿如厕用物

▷ 操作流程（考试流程）

（口述）各位考官好！我是 XX 号考生，我要操作的是幼儿如厕指导，用物已经准备完毕，请问可以开始操作了吗？

一、评估

1. 幼儿如厕环境和习惯改变，不愿上厕所，情绪紧张、害怕、焦虑。

2. 环境干净、整洁、安全，温、湿度适宜。

3.（操作）洗手。

二、计划

预期目标（口述）：幼儿正确如厕，身心舒适。

三、实施

1. 如厕训练前的准备。

（1）让幼儿了解什么是如厕训练：（口述）小朋友，我们来学习自己上厕所吧。

（2）激发幼儿训练的学习热情：（口述）我们先看视频中的小朋友是怎么上厕所的。

2. 如厕训练。

(1)发"排便信号":(口述)小朋友,如果你想排便了,要和阿姨说"嘘嘘"或"便便"哦。现在是不是想上厕所了?来,阿姨带你去。

(2)脱裤子:带幼儿到便盆旁,指导幼儿自己把裤子脱到脚部的位置。(边说边做)小朋友,来,把裤子脱到脚部的位置,对了,做得很好。

(3)坐在便盆上:引导幼儿坐在便盆上。(口述)小朋友,这是排便的地方,如果想要"嘘嘘"或"便便",就坐到这里。

(4)排便:(边说边做)打开水龙头,让幼儿听"哗哗"的水声,然后用"嘘嘘"声诱导幼儿排小便,用"嗯嗯"声诱导幼儿排大便。

(5)清洁肛门:让幼儿翘起屁股,帮助其清洁肛门,并教幼儿学会自己清洁肛门,提上裤子并整理好。(边说边做)小朋友,把屁股擦干净,再把裤子提好。

(6)洗手:把幼儿带到洗手池边,打开水龙头,让幼儿自己洗手,并用毛巾擦干。(口述)来,小朋友,把手洗干净,再擦干手。嗯,好的,做得很好。

(7)告知家长,(口述)幼儿今天表现很棒,学会自己上厕所了,以后要让他养成自己上厕所的习惯。

3. 整理记录。

(1)整理用物。

(2)洗手。

(3)记录。

报告考官,操作完毕。

▶ **评价活动**

1. 评价量表(表9-1)。

表 9-1　评价量表

评价项目	评价要点	分值	师评分	自评分	组评分	平均分	合计
学习态度 （20分）	按时完成自主学习任务	10					
	认真练习	5					
	动作轻柔，爱护模型（教具）	5					
合作交流 （30分）	按流程规范操作，动作熟练	10					
	按小组分工合作练习	10					
	与家长和幼儿沟通有效	10					
学习效果 （50分）	按操作评分标准（总分折合50%）评价（附评分标准）						
合计							

2. 总结反思。

附：幼儿如厕指导的评分标准

该项操作的评分标准包括评估、计划、实施、评价四个方面的内容，总分为 100 分。测试时间 8 分钟，其中环境和用物准备 3 分钟，操作 5 分钟（表9-2）。

表 9-2　幼儿如厕指导的评分标准

考核内容		考核点	分值	评分要求	扣分	得分	备注
评估 （15分）	幼儿	独立意识、如厕习惯、如厕意愿	4	未评估扣4分，不完整扣1～2分			
		心理状况：有无惊恐、焦虑	2	未评估扣2分，不完整扣1分			
	环境	干净、整洁、安全，温、湿度适宜	3	未评估扣3分，不完整扣1～2分			
	照护者	着装整齐	3	不规范扣1～2分			

考核内容	考核点		分值	评分要求	扣分	得分	备注
	物品	用物准备齐全	3	少一个扣 1 分,扣完 3 分为止			
计划 (5分)	预期 目标	口述:幼儿正确如厕,身心舒适	5	未口述扣 5 分			
实施 (60分)	如厕前 准备	1. 幼儿了解如厕训练	2	未口述或不正确扣 2 分			
		2. 激发幼儿训练的学习热情	3	未口述或不正确扣 3 分			
	如厕 训练	1. 发"排便信号"	5	未询问或了解扣 5 分			
		2. 脱裤子	5	动作粗暴扣 5 分,位置不妥扣 2 分			
		3. 坐在便器上	5	强迫幼儿坐下扣 5 分			
		4. 排便	15	未用声音引导扣 5 分,态度急促、催促扣 10 分			
		5. 清洁屁股	10	未清洁扣 10 分,清洁不到位扣 5 分			
		6. 洗手	5	无口述或不正确扣 5 分			
	整理 记录	整理用物	5	无整理扣 5 分,整理不到位扣 2～3 分			
		洗手	2	不正确洗手扣 2 分			
		记录照护措施及幼儿情况	3	不记录扣 3 分,记录不完整扣 1～2 分			

续表 9 - 2

考核内容	考核点	分值	评分要求	扣分	得分	备注
评价 （20分）	1. 操作规范，动作熟练	5	实施过程中有一处错误扣2分			
	2. 幼儿能正确如厕	5				
	3. 态度和蔼，操作过程中动作轻柔，关爱幼儿	5				
	4. 与家属沟通有效，取得合作	5				
总分		100				

（罗　莹）

实训十 幼儿遗尿现象的干预

▷ 实操案例

彬彬，3岁，平时活泼好动。但是近半个月来，彬彬妈妈早上掀开彬彬的被子，发现床上总是湿一大圈。彬彬父母最近老是因为经济与工作原因吵架，吵架时也没有避开彬彬。

▷ 学习目标

完成幼儿遗尿现象的干预。

▷ 学习任务

1. 遗尿的危害有哪些？

(1)遗尿对幼儿的危害有哪些？

(2)遗尿对家长的危害有哪些？

2. 遗尿的常见影响因素有哪些？

3. 如何对遗尿现象进行干预？

(1)要纠正遗尿应实施哪些照护措施？

(2)若非医疗手段仍然纠正不了幼儿遗尿，该如何处置？

▷ 操作准备

1. 设施设备：照护床(1张)、椅子(1把)、幼儿模型。

2. 物品准备：笔、记录本、幼儿睡前读物、音乐播放器、小夜灯、手消毒液、室温计(图 10 - 1)。

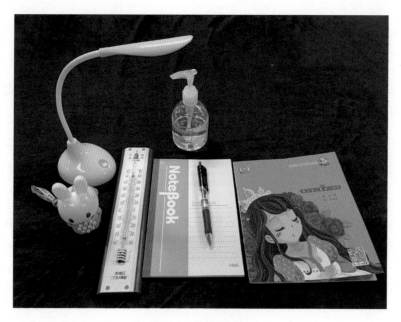

图 10 - 1 遗尿用物

▷ **操作流程（考试流程）**

(口述)各位考官好！我是 XX 号考生，我要操作的是幼儿遗尿现象的干预，用物已经准备完毕，请问可以开始操作了吗？

一、评估

1. 幼儿以往无遗尿现象，近半个月来有遗尿现象，每晚一次，量较多，幼儿情绪紧张、担心、害怕。

2. 环境干净、整洁、安全，温、湿度适宜。

3.(操作)洗手。

二、计划

预期目标(口述)：幼儿遗尿现象得到纠正。

三、实施

1. 观察情况(口述)。

(1)询问幼儿妈妈,最近幼儿身体有什么不适?

(2)幼儿睡前有没有喝较多饮料、水和汤呢?家人最近相处得怎样?幼儿睡觉时有没有被吵到?

2. 干预遗尿现象。

(1)创造适于幼儿睡眠的环境:(口述)环境安静,光线及温、湿度适宜,床铺整洁。

(2)(边说边做)播放音乐,给幼儿讲睡前读物。小朋友,我们准备睡觉了,阿姨给你讲个故事。

(3)(口述)限制和控制幼儿某些行为:睡前忌进食、饮水过多,禁饮料,保证幼儿心情平静。

(4)(口述)引导幼儿定时排尿:在日间嘱幼儿尽量延长排尿间隔时间,逐渐由每 0.5~1 小时 1 次延长至每 3~4 小时 1 次,以扩大膀胱容量。也可以让幼儿在排尿过程中中断排尿,数 1~10 以后再把尿排尽,从而增强膀胱功能。

(5)(口述)营造温馨的家庭环境:父母及照护者不要在幼儿面前争吵,维持和睦的关系。

(6)(口述)及时就医:若通过非医疗手段,幼儿遗尿得不到纠正,应及时就医,查找原因,遵医治疗,照护者积极配合。

3. 整理记录。

(1)整理用物。

(2)洗手。

(3)记录。

报告考官,操作完毕。

▶ **评价活动**

1. 评价量表(表 10 - 1)。

表 10 - 1　评价量表

评价项目	评价要点	分值	师评分	自评分	组评分	平均分	合计
学习态度 (20分)	按时完成自主学习任务	10					
	认真练习	5					
	动作轻柔,爱护模型(教具)	5					
合作交流 (30分)	按流程规范操作,动作熟练	10					
	按小组分工合作练习	10					
	与家长和幼儿沟通有效	10					
学习效果 (50分)	按操作评分标准(总分折合50%)评价(附评分标准)						
合计							

2. 总结反思。

附:幼儿遗尿现象的干预评分标准

该项操作的评分标准包括评估、计划、实施、评价四个方面的内容,总分为 100 分。测试时间 8 分钟,其中环境和用物准备 3 分钟,操作 5 分钟(表 10 - 2)。

表 10-2　幼儿遗尿现象的干预评分标准

考核内容	考核点		分值	评分要求	扣分	得分	备注
评估 (15分)	幼儿	目前是否有遗尿现象，目前心理、精神状况	3	未评估扣3分，不完整扣1～2分			
		以往遗尿的时间、次数、量	3	未评估扣3分，不完整扣1～2分			
	环境	干净、整洁、安全，温、湿度适宜	3	未评估扣3分，不完整扣1～2分			
	照护者	着装整齐，洗手	3	不规范扣1～2分			
	物品	用物准备齐全	3	少一个扣1分，扣完3分为止			
计划 (5分)	预期目标	口述：幼儿遗尿现象得到纠正	5	未口述扣5分			
实施 (60分)	观察情况	1. 询问家长，幼儿有无身体不适	2	未询问扣2分			
		2. 询问家长，睡前有无摄入大量饮料、水及汤类；家庭成员最近相处是否和睦，家中环境是否适合睡眠等	3	未询问扣3分			
	干预遗尿现象	1. 创造适于幼儿睡眠的环境：环境安静，床铺整洁，光线及温、湿度适宜，尽量减少不良干扰因素	10	未给幼儿准备安静的环境、整洁的床铺扣5分，欠标准扣2分			
		2. 给幼儿读准备好的睡前读物，播放有助于入睡的音乐，与幼儿聊天，消除幼儿害怕、紧张的情绪	10	未给幼儿读准备好的睡前读物扣5分，未与幼儿聊天扣5分			
		3. 限制和控制幼儿某些行为：睡前忌进食、饮水过多，禁饮料；保证幼儿心情平静(口述)	5	未口述扣5分，口述不完整扣1～4分			

考核内容		考核点	分值	评分要求	扣分	得分	备注
实施 （60分）		4. 引导幼儿定时排尿：在日间嘱幼儿尽量延长排尿间隔时间，逐渐由每0.5～1小时1次延长至每3～4小时1次，以扩大膀胱容量。也可以让幼儿在排尿过程中中断排尿，数1～10以后再把尿排尽，从而增强膀胱功能（口述）	10	未口述扣 10 分，口述不完整扣 1～9 分			
		5. 营造温馨的家庭环境：父母及照护者不要在幼儿面前争吵，维持和睦的关系（口述）	5	未口述扣 5 分，口述不完整扣 1～4 分			
		6. 及时就医：若通过非医疗手段，幼儿遗尿得不到纠正，应及时就医。查找原因，遵医治疗，照护者积极配合（口述）	5	未口述扣 5 分，口述不完整扣 1～4 分			
	整理记录	整理用物	5	未整理扣 5 分，整理不到位扣 1～4 分			
		洗手	2	不正确洗手扣 2 分			
		记录照护措施、尿床次数、心理状态、睡眠质量	3	不记录扣 3 分，记录不完整扣 1～2 分			
评价 （20分）		1. 操作规范，动作熟练	5				
		2. 操作过程动作轻柔	5				
		3. 态度和蔼，关爱幼儿	5				
		4. 幼儿遗尿现象是否好转	5				
总分			100				

（黄小萍）

模块三

日常保健

实训十一 生命体征的测量

▶ 实操案例

某托幼机构为了提高老师的照护能力,计划开展幼儿生命体征的测量比赛,新来的老师小李不清楚怎样进行生命体征的测量。

▶ 学习目标

完成生命体征的测量。

▶ 学习任务

1. 如何正确测量体温?

(1)测量体温的方法及注意事项有哪些?

(2)测量体温的时间是什么?

(3)如何正确读取体温?

2. 如何正确测量脉搏?

(1)测量脉搏的体位是什么?

(2)测量脉搏的方法是什么?

3. 如何正确测量呼吸?

(1)测量呼吸的体位是什么?

(2)测量呼吸的方法是什么?

4. 如何正确测量血压?

(1)测量血压的体位是什么及注意事项有哪些?

(2)测量血压的方法如何?

(3)如何正确读取血压?

▷ 操作准备

1. 设施设备：照护床(1张)、椅子(1把)、幼儿模型。

2. 物品准备。

(1)测体温：体温表、弯盘、纱布、卫生纸、手消毒液、笔、记录本。

(2)测脉搏：秒表、笔、记录本。

(3)测呼吸：棉花、秒表、笔、记录本。

(4)测血压：血压计、听诊器、笔、记录本。

▷ 操作流程（考试流程）

(口述)各位考官好！我是XX号考生，我要操作的是生命体征的测量，用物已经准备完毕，请问可以开始了吗？

一、评估

1. 幼儿，2岁，男，无发热、咳嗽。30分钟前幼儿无剧烈活动或哭闹。

2. 环境舒适、安静，温、湿度适宜，能保护幼儿隐私。

3. (操作)洗手，戴口罩。

二、计划

预期目标(口述)：

1. 正确测量生命体征。

2. 幼儿能正确配合测量。

三、实施

1. 测体温。

(1)(口述)小朋友，你叫什么名字？好的，先躺在床上好吗？阿姨给你测量体温。告知家长，(口述)测量体温的时候不要让幼儿乱动，以免体温计掉落。(边说边做)检查幼儿腋下皮肤情况,解开衣扣,腋下皮肤完好,擦干腋下皮肤。

(2)将体温计水银端置于腋窝深处,协助幼儿屈臂过胸夹紧,看表,(口述)测量10分钟。

(3)(口述)10分钟已到,取出体温计,体温36℃,记录。

2.测脉搏。

(1)(口述)小朋友,给阿姨看看小手。

(2)(操作)协助幼儿取舒适体位,手臂放松置于床上,将幼儿手臂上抬,用食指、中指、无名指的指腹按压桡动脉,力度适中,以能感受到脉搏搏动为宜,平放于测量处测试30秒。(口述)如有异常可测量1分钟。

(3)(口述)脉搏100次/分。

3.测呼吸。

(1)(口述)小朋友,不要紧张。

(2)(操作)手仍按在桡动脉处,观察幼儿胸部或腹部起伏。数30秒,然后乘以2。

(3)(口述)呼吸20次/分。(边说边做)如有异常数1分钟,气息微弱或不易观察者用少许棉花,观察棉花被吹动次数。

(4)正确记录:呼吸20次/分。

4.测血压。

(1)(口述)小朋友,把手伸出来,阿姨帮你量血压。

(2)(操作)取合适体位:临床上儿童常取坐位,婴幼儿取仰卧位,露出上臂,伸直肘部,手掌向上,放平血压计,使血压计水银柱的零刻度和肱动脉、心脏处于同一水平面。

(3)(操作)缠袖带:选择合适的袖带,用一次性袖带垫巾缠于肘窝上2~3cm,在垫巾上缠绕好袖带,松紧以能放入一指为度,打开水银槽开关。

(4)(操作)将听诊器胸件放于肱动脉搏动处,轻轻加压固定,关闭气门,打气至肱动脉搏动音消失。

(5)(操作)加压与放气:一手握住气球向袖带内充气,至肱动脉搏动音消失,再升高20~30mmHg,然后慢慢放气(以每秒4mmHg的速度放气)。

（6）（口述）血压：84/56mmHg。

（7）记录：收缩压/舒张压。

（8）（操作）关闭血压计，将一次性垫巾放入医用垃圾袋中。

（9）（操作）整理床单位，协助幼儿取舒适体位。

5. 测量后处理。

（1）（操作）洗手，去口罩。

（2）告知家长，（口述）小朋友的体温、脉搏、呼吸、血压正常。

报告考官，操作完毕。

▶ 评价活动

1. 评价量表（表 11 - 1）。

表 11 - 1　评价量表

评价项目	评价要点	分值	师评分	自评分	组评分	平均分	合计
学习态度 （20分）	按时完成自主学习任务	10					
	认真练习	5					
	动作轻柔，爱护模型（教具）	5					
合作交流 （30分）	按流程规范操作，动作熟练	10					
	按小组分工合作练习	10					
	与家长和幼儿沟通有效	10					
学习效果 （50分）	按操作评分标准（总分折合50%）评价（附评分标准）						
合计							

2. 总结反思。

附：生命体征测量的评分标准

该项操作的评分标准包括评估、计划、实施、评价四个方面的内容，总分为100分。测试时间18分钟，其中环境和用物准备3分钟，操作15分钟(表11-2)。

表11-2 生命体征测量的评分标准

考核内容		考核点	分值	评分要求	扣分	得分	备注
评估 (15分)	幼儿	年龄、性别、病情及治疗情况	4	未评估扣4分，不完整扣1~2分			
		操作前30分钟有无剧烈活动和情绪波动等影响测量结果的因素	2	未评估扣2分，不完整扣1分			
	环境	环境舒适、安静，温、湿度适宜，能保护幼儿隐私	3	未评估扣3分，不完整扣1~2分			
	照护者	着装整齐，洗手	3	不规范扣1~2分			
	物品	用物准备齐全	3	少一个扣1分，扣完3分为止			
计划 (5分)	预期目标	口述：正确测量生命体征；幼儿能正确配合测量	5	未口述扣5分			
实施 (60分)	测体温 (以腋温为例)	1. 再次核对，取合适体位，向幼儿及家属说明注意事项，解开衣扣，擦干腋下	2	不正确扣2分			
		2. 正确指导：将体温计水银端置于腋窝深处紧贴皮肤，指导/协助幼儿屈臂过胸夹紧	4	不正确扣4分			
		3. 测量时间：10分钟	2	时间不正确扣2分			
		4. 读数及记录：读数准确，记录及时	2	读数不准确扣2分			

考核内容	考核点		分值	评分要求	扣分	得分	备注
实施 （60分）	测脉搏	1. 再次核对，协助幼儿取舒适体位，手臂放松置于床上或桌面	2	体位不准确扣2分			
		2. 正确测量：用食指、中指、无名指的指腹按压桡动脉，力度适中，以能感受到脉搏搏动为宜，平放于测量处测试30秒，如有异常可测量1分钟	3	方法错误扣3分			
		3. 正确记录：脉搏记录为次/分	2	记录错误扣2分			
		4. 异常脉搏测量：脉搏短绌的幼儿需两名照护者同时测量（口述）	2	未口述扣2分			
	测呼吸	1. 有效沟通，幼幼放松：将手似按在桡动脉处，观察幼儿胸部或腹部起伏	2	方法不对扣2分			
		2. 测量正确：数30秒，乘以2	2	测量错误扣2分			
		3. 异常呼吸测量：如有异常测量1分钟，气息微弱或不易观察者用少许棉花，观察棉花吹动次数	3	测量错误扣3分			
		4. 正确记录：呼吸记录为次/分。	2	记录错误扣2分			

考核内容		考核点	分值	评分要求	扣分	得分	备注
实施 (60 分)	测血压	1. 核对解释,取合适体位:临床上儿童常取坐位,婴幼儿取仰卧位,露出上臂,伸直肘部,手掌向上,放平血压计,使血压计水银柱的零刻度与肱动脉、心脏处于同一水平面	3	方法错误扣 3 分			
		2. 缠袖带:袖带的大小对血压的测量很重要。通常根据被测儿童的上臂大小选择合适的袖带,将一次性袖带垫巾缠于肘窝上 2～3cm,在垫巾上缠绕好袖带,松紧以能放入一指为度,打开水银槽开关	3	方法错误扣 3 分			
		3. 听诊器胸件放置恰当:将听诊器胸件放于肱动脉搏动处,轻轻加压固定	3	方法错误扣 3 分			
		4. 加压与放气:一手握住气球向袖带内充气,至肱动脉搏动音消失,再升高 20～30mmHg,然后慢慢放气(以每秒 4mmHg 的速度放气)	3	方法错误扣 3 分			
		5. 血压读数准确:准确测量收缩压、舒张压	2	读数错误扣 2 分			
		6. 正确记录:血压记录为收缩压/舒张压	2	记录错误扣 2 分			
		7. 物品初步处理:关闭血压计,将一次性垫巾放入医用垃圾袋中	2	方法错误扣 2 分			

考核内容		考核点	分值	评分要求	扣分	得分	备注
实施 （60分）	测量后处理	8. 整理床单位，协助幼儿取舒适体位	2	无整理扣2分			
		洗手，去口罩	5	不洗手扣5分，不规范扣1～2分			
		告知幼儿及家长测量结果，合理解释，正确记录	2	不记录扣2分，记录不完整扣1～2分			
		健康教育到位	5	无健康教育扣5分，不完整扣1～4分			
评价 （20分）		1. 操作规范，动作熟练	5				
		2. 测量结果准确，合理解释，健康教育到位	5				
		3. 态度和蔼，操作过程中动作轻柔，关爱幼儿	5				
		4. 在规定时间内完成	5	每超过1分钟扣1分			
总分			100				

（黄正美）

实训十二 热性惊厥幼儿的急救处理

▷ 实操案例

　　欣欣，女，2.5岁。早上出现流涕、咳嗽、发热，体温达 39.4℃，服用退热药物后效果不明显，中午欣欣突然全身抽动，口吐白沫，双眼上翻。老师很着急，赶紧送欣欣到医院就诊。

▷ 学习目标

　　能正确对热性惊厥幼儿进行急救处理。

▷ 学习任务

　　1. 能说出引起幼儿惊厥的原因。

　　2. 能识别幼儿热性惊厥的表现。

　　3. 能正确对热性惊厥幼儿进行急救处理。

　　(1)如何迅速控制惊厥？

　　(2)如何正确预防幼儿窒息？

　　(3)如何预防幼儿外伤、骨折或脱臼及坠床？

　　4. 能保护幼儿安全，体现人文关怀。

▷ 操作准备

　　1. 设施设备：照护床(1张)、椅子(1把)、幼儿(仿真)模型。

　　2. 物品准备：纱布、手电筒、治疗盘、弯盘、记录本、笔、手消毒液(图 12-1)。

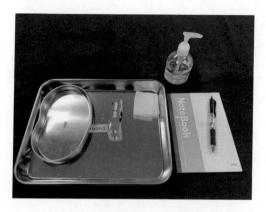

图 12-1　热性惊厥急救处理用品

▷ 操作流程（考试流程）

(口述)各位考官好！我是 XX 号考生，我要操作的是热性惊厥幼儿的急救处理，物品准备完毕，请问可以开始了吗？

一、评估

1. 幼儿体温过高，呼吸、脉搏加快，意识不清，皮肤潮红。

2. 环境干净、整洁、安全，温、湿度适宜。

3. (操作)洗手。

二、计划

预期目标(口述)：幼儿安全，无外伤和窒息发生，未再次发生惊厥。

三、实施

1. 观察情况(口述)。

(1)幼儿全身抽动，口吐白沫，双眼上翻。

(2)幼儿无外伤，有窒息的危险。

2. 急救处理。

(1)(操作)立即将幼儿平卧,头偏向一侧。

(2)(操作)解开幼儿衣裤。

(3)(操作)用纱布及时清除幼儿口、鼻分泌物,保持呼吸道通畅。

(4)(操作)按压人中穴、合谷穴等。

(5)(操作)将纱布放于幼儿手下或腋下(防止幼儿皮肤摩擦受损)。

(6)(边说边做)移除幼儿床上硬物,防止碰伤。

(7)(边说边做)床边加设床栏(防止幼儿出现外伤或坠床)。

(8)(口述)根据幼儿发热情况,在前额、手心、腹股沟等处放置冷毛巾或冰袋,或使用退热贴进行物理降温。

(9)(口述)观察幼儿生命体征、意识状态、瞳孔的变化。

(10)(口述)症状缓解后迅速将幼儿安全送至医院。

3. 告知家长。(口述)您的孩子刚才发生了热性惊厥,经过处理,现在已经缓解。

4. 整理记录。

(1)整理用物。

(2)洗手。

(3)记录。

报告考官,操作完毕。

▷ **评价活动**

1. 评价量表(表 12-1)。

表 12-1 评价量表

评价项目	评价要点	分值	师评分	自评分	组评分	平均分	合计
学习态度 （20分）	按时完成自主学习任务	10					
	认真练习	5					
	动作轻柔，爱护模型（教具）	5					
合作交流 （30分）	按流程规范操作，动作熟练	10					
	按小组分工合作练习	10					
	与家长和幼儿沟通有效	10					
学习效果 （50分）	按操作评分标准（总分折合50%）评价（附评分标准）						
合计							

2. 总结反思。

附：热性惊厥幼儿的急救处理评分标准

该项操作的评分标准包括评估、计划、实施、评价四个方面的内容，总分为100分。测试时间10分钟，其中环境和用物准备2分钟，操作8分钟（表12-2）。

表 12-2 热性惊厥幼儿的急救处理评分标准

考核内容		考核点	分值	评分要求	扣分	得分	备注
评估 （15分）	幼儿	生命体征、意识状态	4	未评估扣4分，不完整扣1～2分			
		皮肤情况	2	未评估扣2分，不完整扣1分			
	环境	干净、整洁、安全，温、湿度适宜	3	未评估扣3分，不完整扣1～2分			
	照护者	着装整齐	3	不规范扣1～2分			

续表 12-2

考核内容		考核点	分值	评分要求	扣分	得分	备注
	物品	用物准备齐全	3	少一个扣1分,扣完3分为止			
计划 (5分)	预期 目标	口述:幼儿安全,无外伤和窒息发生,未再次发生惊厥,及时送至医院救治	5	未口述扣5分			
实施 (60分)	观察 情况	1.幼儿惊厥发作程度和伴随症状	5	未口述扣5分			
		2.评估幼儿有无外伤、窒息的危险	5	未口述扣5分			
	急救 处理	1.幼儿体位正确	3	不正确扣3分			
		2.解开幼儿衣领、裤带	5	未做扣5分,欠标准扣2~5分			
		3.清除口、鼻腔分泌物和呕吐物方法正确	5	方法不对扣5分,欠妥扣2~5分			
		4.针刺或指压穴位正确	8	按压位置错误扣8分			
		5.将纱布放于幼儿手下或腋下	3	未做扣3分			
		6.保护幼儿安全,移除床上硬物	5	未做扣5分			
		7.床边加设床栏	3	未做扣3分			
		8.口述物理降温方法正确	5	未口述扣5分			
		9.观察幼儿生命体征、意识状态、瞳孔等(口述)	3	未口述扣3分			
		10.缓解后迅速将幼儿平稳送至医院(口述)	2	未口述扣2分			
	整理 记录	整理用物	3	未做扣3分			
		洗手	2	不正确洗手扣2分			
		记录病情发作时间、持续时间和救护过程	3	不记录扣3分,记录不完整扣1~2分			

续表 12 - 2

考核内容	考核点	分值	评分要求	扣分	得分	备注
评价 （20分）	1. 操作规范，动作熟练	5				
	2. 保护幼儿安全	5				
	3. 态度和蔼，操作过程中动作轻柔，关爱幼儿	5				
	4. 与家属沟通有效，取得合作	5				
总分		100				

（石小英）

实训十三 幼儿冷水浴锻炼

▶ 实操案例

雯雯，女，1.5岁。比同龄孩子体重偏重，身体素质较差，平素遇气候变化时容易感冒，且每次一感冒就会出现咳嗽、气喘的表现。立夏以来气温升高，生活老师计划给雯雯进行冷水浴锻炼以逐步增强其体质。

▶ 学习目标

能正确帮助和指导幼儿进行冷水浴锻炼。

▶ 学习任务

1. 认识幼儿冷水浴锻炼的重要性。

(1)能增强体质，提高机体抵抗力及适应气候变化的能力，达到锻炼身体的目的。

(2)提高幼儿健康水平，减少疾病的发生。

2. 在冷水浴操作中如何关心和保护幼儿？

(1)如何与幼儿进行有效的沟通？

(2)操作过程中注意随时观察幼儿情况，注意保暖。

3. 如何正确实施幼儿冷水浴锻炼？

(1)冷水浴的适宜条件是什么？如何指导幼儿做好冷水浴前热身运动？

(2)幼儿冷水浴开始的温度为多少？如何逐渐降温？

(3)在进行冷水浴时如何正确冲淋？

▷ 操作准备

1. 设施设备：室内温、湿度计，幼儿模型。

2. 物品准备：水温计、浴盆、大毛巾、冷水壶、热水壶、杯子（装少量温的糖水）、手消毒液、记录本、笔（图13-1）。

图 13-1　冷水浴锻炼物品

▷ 操作流程（考试流程）

（口述）各位考官好！我是 XX 号考生，我要操作的是幼儿冷水浴锻炼，用物已经准备完毕，请问可以开始操作了吗？

一、评估

1. 幼儿身体健康，精神饱满，情绪稳定，心情愉快。

2. 环境干净、整洁、安全，温、湿度适宜。

3. （操作）洗净双手。

二、计划

预期目标（口述）：

1. 幼儿冷水浴锻炼顺利实施。

2. 幼儿主动配合，情绪愉悦。

三、实施

1. 冲淋。

(1)浴盆里放适量的温水，(边说边做)先放水，再用水温计测温，(口述)水温35℃左右。

(2)给幼儿做热身运动，(口述)小朋友，我们要准备冲冷水浴了，来跟阿姨一起热热身，伸伸手，踢踢腿，跳一跳。先做运动再脱衣服，给幼儿脱好衣服后，让其站在盛有温水的浴盆里。

(3)提起冷水壶冲淋，(口述)水温为28℃左右。

(4)顺序：双上肢—胸部—背部—双下肢，(口述)小朋友，我们要冲冷水浴了，水稍微有一些冷，如果有不舒服的要及时告诉阿姨。

(5)冲淋时不可冲头部，动作要迅速。

(6)(口述)淋浴时喷头不宜高过幼儿头顶40cm。

(7)(口述)冷水浴的注意事项：①冷水浴适用于较大的幼儿(2岁左右)。②最好从夏季开始。③具体开始时间因人而异。

2. 观察情况。

(口述)操作过程中密切观察幼儿情况。若幼儿感觉寒冷、出现寒战应立即停止冷水浴，擦干身体，给予保暖，安排幼儿室内休息，适当口服温开水或糖水，并随时观察。(照护者做观察动作)

3. 整理记录。

(1)冲淋完毕，将幼儿抱到操作台上，用大毛巾给幼儿擦干身体，搓搓身体至皮肤发红。

(2)(边说边做)小朋友，已经洗好了，安排其穿衣服到床上休息。

(3)整理用物，洗手，记录。

报告考官，操作完毕。

▶ **评价活动**

1. 评价量表(表13-1)。

表 13-1　评价量表

评价项目	评价要点	分值	师评分	自评分	组评分	平均分	合计
学习态度 (20分)	按时完成自主学习任务	10					
	认真练习	5					
	动作轻柔,爱护模型(教具)	5					
合作交流 (30分)	按流程规范操作,动作熟练	10					
	按小组分工合作练习	10					
	与家长和幼儿沟通有效	10					
学习效果 (50分)	按操作评分标准(总分折合50%)评价(附评分标准)						
合计							

2. 总结反思。

附:幼儿冷水浴锻炼评分标准

该项操作的评分标准包括评估、计划、实施、评价四个方面的内容,总分为100分。测试时间10分钟,其中环境和用物准备5分钟,操作5分钟(表13-2)。

表 13－2　幼儿冷水浴锻炼评分标准

考核内容		考核点	分值	评分要求	扣分	得分	备注
评估 (15分)	幼儿	身体状况	2	未评估扣2分，不完整扣1分			
		精神与情绪状态	2	未评估扣2分，不完整扣1分			
	环境	干净、整洁、安全，温、湿度适宜	4	未评估扣4分，不完整扣1～2分			
	照护者	着装整洁，去除首饰，剪指甲，洗净双手	4	不规范扣1～2分			
	物品	用物准备齐全	3	少一个扣1分，扣完3分为止			
计划 (5分)	预期目标	口述：幼儿冷水浴锻炼顺利实施；幼儿主动配合，情绪愉悦	5	未口述扣5分			
实施 (60分)	冲淋	1. 浴盆里放好适量的温水	5	未试水温扣5分			
		2. 给幼儿做热身运动，然后让其站在盛有温水的浴盆里	3	未给幼儿做热身运动扣3分，操作不正确扣2分			
		3. 提起冷水壶(水温为28℃左右)冲淋	3	方法欠标准扣2分			
		4. 按照双上肢—胸部—背部—双下肢的顺序操作	6	顺序不对扣6分，欠标准扣3分			
		5. 冲淋时不可冲头部，动作要迅速	4	方法不对扣4分，欠标准扣2分			
		6. 口述：淋浴时喷头不宜高过幼儿头顶40cm	4	未口述扣4分			
		7. 口述冷水浴的注意事项：①冷水浴适用于较大的幼儿(2岁左右)；②最好从夏季开始；③具体的开始时间因人而异	15	未口述扣15分，口述内容不符合要求酌情扣分，每项5分			

考核内容		考核点	分值	评分要求	扣分	得分	备注
实施 （60分）	观察 情况	操作过程中密切关注幼儿的情况，若幼儿感觉寒冷、出现寒战应立即停止冷水浴，擦干身体，给予保暖，安排幼儿室内休息，适当口服温开水或糖水，并随时观察	5	未及时观察、未口述扣5分，口述内容不完整酌情扣2分			
	整理 记录	用大毛巾给幼儿擦干身体，要求擦至皮肤发红	6	未擦干身体扣3分，未擦至皮肤发红扣3分			
		安排幼儿休息	2	未安排扣2分			
		整理用物	2	未整理扣2分，整理不到位扣1分			
		洗手	2	未洗手扣2分，洗手不正确扣1分			
		记录幼儿表现和照护措施	3	未记录扣3分，记录不完整扣1～2分			
评价 （20分）		1. 操作规范，动作熟练	5				
		2. 态度和蔼，动作轻柔	5				
		3. 与幼儿沟通有效，取得合作	5				
		4. 安全意识强，操作中保护和关爱幼儿	5				
总分			100				

（黄珍玲）

实训十四 心肺复苏术

▶ 实操案例

　　大宝，女，2岁。托幼机构王老师给其喂食香蕉时，发现其张着嘴，一点声音也发不出来，满脸通红。一开始，王老师尝试把手伸进其嘴里抠，但没有效果。于是给她喂水，也没起到作用，连灌几口水之后，大宝脸色开始发紫，紧接着意识丧失，无呼吸和脉搏，王老师赶紧拨打"120"，等待急救人员的到来。

▶ 学习目标

　　对心搏骤停幼儿运用心肺复苏术进行急救。

▶ 学习任务

　　1. 如何判断心搏、呼吸骤停？

　　(1)如何判断意识丧失？

　　(2)如何判断大动脉搏动消失？

　　(3)如何判断自主呼吸消失？

　　2. 如何正确实施心肺复苏术？

　　(1)如何正确安置复苏体位？

　　(2)如何正确实施胸外心脏按压？

　　(3)如何正确开放气道？

　　(4)如何正确实施人工呼吸？

　　(5)如何评估复苏效果？

▶ 操作准备

1. 设施设备：硬板床、椅子、幼儿模型。

2. 物品准备：呼吸膜或纱布数块、手电筒、手消毒液、记录本、笔(图 14-1)。

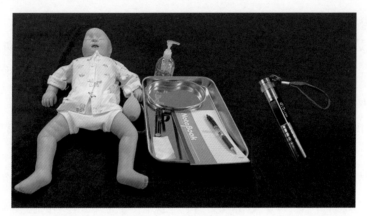

图 14-1 心肺复苏用物

▶ 操作流程（考试流程）

(口述)各位考官好！我是 XX 号考生，下面我将进行的是心肺复苏术，物品准备完毕，请问可以开始了吗？

一、评估

1. 幼儿无反应、无呼吸、无脉搏。

2. 环境干净、整洁、安全，适宜抢救。

二、计划

预期目标(口述)：

1. 正确实施心肺复苏术。

2. 幼儿脉搏、呼吸恢复正常。

三、实施

1. 观察情况。

(1)判断意识：(边说边做)轻拍幼儿双肩，醒醒，能听见我说话吗？幼儿无反应。

(2)判断颈动脉搏动和呼吸：用一手的食指和中指找到气管，将手指滑到气管和颈侧肌肉之间的沟内，触摸颈动脉。

(边说边做)1001，1002，1003……1007，无呼吸和大动脉搏动。

(3)(口述)请这位女士帮忙拨打"120"。现在是 X 点 X 分(看时间)。

2. 急救处理。

(1)体位：(边说边做)保护颈部，将幼儿置于硬板床上或地面上，头、颈、躯干、下肢位于同一轴线，双手放于两侧，身体无扭曲。

(2)胸外心脏按压：(操作)解开衣服，暴露胸、腹部。按压部位为两乳头连线中点胸骨中下 1/3 交界处。按压深度约为 5cm。按压频率为 100～120 次/分。单手掌根按压，手指翘起，肩、肘、腕在一直线上。

(3)开放气道。

1)清理呼吸道：(操作)将幼儿头偏向一侧后清除口腔异物，清除鼻腔分泌物。

2)开放气道：(边说边做)检查颈部无外伤。对颈椎无损伤者，采取仰头举颏法，下颌角与耳垂连线与地面成 60°。

(4)(操作)口对口人工呼吸(2 次)。每次送气 1 秒钟，同时观察幼儿胸部是否抬举。

(5)按压、呼吸：单人胸外按压与人工呼吸之比为 30：2，双人胸外按压与人工呼吸之比为 15：2，完成 5 个循环或者 2 分钟。

3. 评估复苏效果。

(口述)经过 5 个循环抢救，判断复苏效果。

(1)(边说边做) 摸脉搏、数呼吸，1001，1002，1003……1007。幼儿有自主呼吸，颈动脉有搏动，自主循环恢复。

(2)(边说边做)用手电筒检查瞳孔，瞳孔由大变小，面色、耳垂、口唇、皮肤、甲床转红润。

（3）（边说边做）将幼儿头偏向一侧。现在是 X 点 X 分（看时间）。

4．告知家长。

（口述）经过抢救，幼儿情况基本稳定，请送往医院进一步治疗。

5．整理用物，洗手，记录。

报告考官，操作完毕。

▶ 评价活动

1．评价量表（表 14 - 1）。

表 14 - 1　评价量表

评价项目	评价要点	分值	师评分	自评分	组评分	平均分	合计
学习态度 （20 分）	按时完成自主学习任务	10					
	认真练习	5					
	动作轻柔，爱护模型（教具）	5					
合作交流 （30 分）	按流程规范操作，动作熟练	10					
	按小组分工合作练习	10					
	与家长沟通有效	10					
学习效果 （50 分）	按操作评分标准（总分折合 50%）评价（附评分标准）						
合计							

2．总结反思。

附：心肺复苏术的评分标准

该项操作的评分标准包括评估、计划、实施、评价四个方面的内容，总分为 100 分。测试时间 8 分钟，其中环境和用物准备 3 分钟，操作 5 分钟（表 14 - 2）。

表 14－2　心肺复苏术的评分标准

考核内容		考核点		分值	评分要求	扣分	得分	备注
评估 (15分)	幼儿	无反应		2	未评估扣2分			
		无呼吸或仅有喘息；无脉搏		4	未评估扣4分，不准确扣2～3分			
	环境	环境安全，适宜抢救		3	未评估扣3分，不完整扣1～2分			
	照护者	着装整齐(衣、帽、鞋符合要求)、未化妆、未戴饰物		3	不规范扣1～2分			
	物品	一次性呼吸膜(纱布)		3	未准备扣3分			
计划 (5分)	预期目标	口述：正确实施心肺复苏术，幼儿脉搏、呼吸恢复正常		5	未口述扣5分			
实施 (60分)	观察情况	1. 判断幼儿意识方法正确		2	未检查扣2分			
		2. 判断大动脉搏动和呼吸方法正确		4	不正确扣2～4分			
	急救处理	体位	将幼儿置于坚实的平面上，双手放于两侧，身体无扭曲(口述)	4	方法不对扣4分			
		胸外按压	解开衣服，暴露幼儿胸、腹部	2	方法不对扣2分			
			按压部位：两乳头连线中点胸骨中下1/3交界处	2	部位不对扣2分			
			按压深度：胸壁前后径1/3或约5cm	2	方法不对扣2分			
			按压频率：100～120次/分	2	方法不对扣2分			
			手部姿势：单手掌根按压，手指翘起，不接触胸壁	2	方法不对扣2分			

续表 14－2

考核内容		考核点	分值	评分要求	扣分	得分	备注
实施 （60 分）	急救 处理	身体姿势：手臂在手掌的正上方，肩、肘、腕在一直线上	2	方法不对扣 2 分			
		清理呼吸道：将头轻轻偏向一侧，小心清除口腔分泌物、呕吐物或者异物	4	方法不对扣 4 分			
		开放气道：对颈椎无损伤者，采取仰头举颏法，幼儿下颌角与耳垂的连线与地面成 60°	4	方法不对扣 4 分			
		用按于前额的手的拇指与食指捏闭幼儿的鼻孔，另一手的拇指将幼儿口部掰开，张大嘴完全封闭幼儿口腔	4	不正确扣 2～4 分			
		平静呼吸后给予人工通气 2 次，每次送气时间 1 秒钟，同时观察幼儿胸部是否抬举	4	不正确扣 2～4 分			
		吹气完毕离开幼儿的口唇，同时松开捏鼻的手指	4	方法不对扣 4 分			
		单人胸外按压与人工呼吸之比为 30：2；双人胸外按压与人工呼吸之比为 15：2，完成 5 个循环或者 2 分钟	6	不正确扣 6 分，欠妥扣 2～5 分			

考核内容		考核点	分值	评分要求	扣分	得分	备注
实施 (60 分)	评估 复苏 效果	口述：幼儿出现呼吸，大动脉有搏动、自主循环恢复；瞳孔缩小，面色、耳垂、唇色、皮肤、甲床由发绀变红润	4	未口述扣 4 分，不全扣 2～3 分			
	整理 记录	整理用物，进行复苏护理	2	未做扣 2 分			
		洗手	2	不正确洗手扣 2 分			
		记录抢救时间及过程	4	未记录扣 4 分，记录不完整扣 1～3 分			
评价 (20 分)		1. 操作规范，动作熟练	5				
		2. 心肺复苏流程正确	5				
		3. 思维敏捷，判断准确，动作迅速	5				
		4. 保护幼儿安全，与家属沟通有效，取得合作	5				
总分			100				

（黄正美）

模块四

早期发展

实训十五　粗大动作发展活动设计与实施

▷ 实操案例

西西在一所托幼机构上班，她所在班级的幼儿年龄在31～36月龄。这周的教学主题为动物，需要她依此主题给31～36月龄的幼儿设计并实施粗大动作发展活动。

▷ 学习目标

能为31～36月龄段的幼儿以动物为主题设计并实施粗大动作发展活动。

▷ 学习任务

1. 31～36月龄段的幼儿粗大动作发展的目标和内容有哪些？

(1)教育目标是什么？

(2)教育活动内容有哪些？

2. 如何正确设计和组织31～36月龄段幼儿的粗大动作发展活动？

(1)如何根据幼儿训练活动选择合适的玩(教)具？

(2)如何以动物为主题实施活动过程？

3. 如何评价31～36月龄段的幼儿粗大动作发展水平？

(1)幼儿粗大动作发展观察评价方法有哪些？

(2)幼儿粗大动作发展水平测评指标是什么？

操作准备

1. 设施设备：爬行垫或游戏地垫(图 15-1)。

2. 物品准备：签字笔，记录本，小动物走路音频，红、黄、蓝、绿各色的筐，红、黄、蓝、绿各色水果。

图 15-1 游戏地垫

操作流程（考试流程）

（口述）各位考官好，我是 XX 号考生，下面展示的是 31～36 月龄幼儿粗大动作发展活动的设计与实施。

一、评估

1.（口述）幼儿精神状态良好，情绪稳定；环境干净、整洁，温、湿度适宜。

2.（口述）本次活动幼儿无须经验准备。

3.（口述）活动实施的相关玩（教）具及材料准备齐全，干净、无毒、无害。

4.(口述)活动名称：运果子。

二、计划

预期目标(口述)：

1. 让幼儿练习双脚并拢跳，手、膝爬行动作。

2. 让幼儿参与正确配对的游戏。

3. 让幼儿喜欢模仿动物的动作，并积极参与游戏。

三、实施

(口述)小朋友们，小动物要和我们做游戏了，看看它们是怎么走路的。首先，小兔子准备了："小兔子走路跳跳跳，小鸭子走路摇呀摇呀摇，小乌龟走路爬呀爬呀爬，小花猫走路静一悄一悄"，哇，小朋友们模仿得真棒。接下来，老师要变成兔妈妈，小朋友要变成兔宝宝，我们来一起做游戏了。小兔子们肚子好饿呀，我们一起来运果子。看一看兔妈妈今天给大家准备了什么呢？红色、黄色、绿色、蓝色的筐，里边没有东西。接下来我们要到果园去摘水果，一会儿摘到果子，我们要把相同颜色的果子放到对应颜色的筐里面。看一看，兔妈妈是怎么走路的呢？兔妈妈准备出发了！"小兔子走路蹦蹦跳"，接下来，我们要摘一个水果从右边准备跳回去，"小兔子走路蹦蹦跳"，看一看，我们拿到的是绿色的水果，找一找我们绿色的筐在哪里呢？然后放进去。接下来兔宝宝们准备出发吧，一起来排队……

我们的乌龟宝宝也想去摘果子，看看乌龟妈妈是怎么走路的呢？我们来爬一爬(手、膝着地爬着走)，"小乌龟走路爬呀爬"。我们摘下一个水果，准备爬回去了，拿好我们的果子"爬一爬，爬一爬"，乌龟妈妈拿到了一个蓝色的水果，找一找蓝色的筐在哪里，我们把果子放进去。接下来请乌龟宝宝出发了……

小朋友们都完成了任务，接下来请小朋友们在老师对面坐下。小朋友们都很厉害，摘了很多水果，并能够按颜色进行分类。

四、评价

（口述）通过运果子练习幼儿双脚并拢跳、手膝爬行动作，同时幼儿学会了正确配对。在练习过程中，幼儿爬行都非常棒，但是有的幼儿平衡性有待加强。

五、整理记录

整理记录，安排幼儿休息。

报告考官，活动展示完毕！

▷ **评价活动**

1. 评价量表（表 15-1）。

表 15-1　评价量表

评价项目	评价要点	分值	师评分	自评分	组评分	平均分	合计
学习态度 （20分）	按时完成自主学习任务	10					
	认真练习	5					
	动作轻柔，爱护模型（教具）	5					
合作交流 （30分）	按流程规范操作，动作熟练	10					
	按小组分工合作练习	10					
	与家长和幼儿沟通有效	10					
学习效果 （50分）	按操作评分标准（总分折合50%）评价（附评分标准）						
合计							

2. 总结反思。

附：粗大动作发展活动设计与实施的评分标准

该项操作的评分标准包括评估、计划、实施、评价四个方面的内容，总分为100分。测试时间40分钟，其中活动设计25分钟，环境、用物准备5分钟，操作时间10分钟(表15-2)。

表15-2　粗大动作发展活动设计与实施的评分标准

考核内容		考核点	分值	评分要求	扣分	得分	备注
评估 (15分)	幼儿	经验准备	2	未评估扣2分，不完整扣1~2分			
		精神状况良好，情绪稳定	2	未评估扣2分，不完整扣1~2分			
	环境	干净、整洁、安全，温、湿度适宜	2	未评估扣2分，不完整扣1~2分			
		创设适宜的活动环境	2	未评估扣2分，不适宜扣1~2分			
	照护者	着装整齐，适宜组织活动；普通话标准	2	不规范扣1~2分			
	物品	具体活动实施相关玩(教)具及材料准备齐全，干净、无毒、无害	5	未评估扣5分，不完整扣1~5分			
计划 (15分)	口述目标	1. 活动目标具体明确，符合幼儿已有经验和发展需要，能体现领域活动的特征，并恰当融合其他领域	9	未口述目标扣9分，不规范扣1~9分			
		2. 有机整合知识、能力、情感三个维度的发展要求	6	少一个维度扣2分，扣完6分为止			
实施 (60分)	活动实施	1. 围绕目标组织教学，重点突出	5	未达成扣5分			
		2. 教学思路清晰，教学环节包含导入部分、主体部分、结束部分，环节过渡自然，时间分配合理	20	依欠缺程度扣3~20分			

续表 15－2

考核内容		考核点	分值	评分要求	扣分	得分	备注
实施 （60分）	活动 实施	3. 能恰当运用多元化教学方法和手段，采用适宜的指导策略	3	不合适扣1～3分			
		4. 教学语言简洁流畅，用语准确，有启发性和感染力，有利于激发幼儿主动学习的兴趣	5	不合适扣1～5分			
		5. 操作时动作规范	6	不规范扣1～6分			
		6. 教态自然大方，生动活泼，有亲和力	6	欠缺扣1～6分			
		7. 活动过程中具有一定的安全意识	5	欠缺扣1～5分			
	活动 评价	1. 记录课堂中每个幼儿的表现并进行评估	4	未完成扣4分，不完整扣1～4分			
		2. 与家长沟通幼儿的表现，并进行个体化指导	4	表达不清晰，态度较差扣1～4分			
	整理	整理用物，安排幼儿休息	2	无整理扣2分，整理不到位扣1～2分			
评价 （10分）	教学 内容	1. 教学内容符合幼儿年龄特点，具有一定的趣味性、教育性	4	不符合年龄特点扣4分，趣味性、教育性欠缺扣1～4分			
		2. 教学难度与容量适度，内容紧紧围绕教育目标	4	未围绕目标扣4分，难度、容量不适宜扣1～4分			
		3. 规范、流畅地完成活动设计与展示	2	依欠缺程度扣1～2分			
总分			100				

（石小英）

实训十六 精细动作发展活动设计与实施

实操案例

西西在一所托幼机构上班,她所在班级幼儿的年龄在31～36月龄段。这周的教学主题为动物,需要她依此主题给31～36月龄段幼儿设计并实施精细动作发展活动。

学习目标

能为31～36月龄段的幼儿以动物为主题设计并实施精细动作发展活动。

学习任务

1.31～36月龄段的幼儿精细动作发展的目标和内容有哪些?

(1)教育目标是什么?

(2)教育活动内容有哪些?

2. 如何正确设计和组织31～36月龄段的幼儿精细动作发展活动?

(1)如何根据幼儿训练活动选择合适的玩(教)具?

(2)如何以动物为主题实施活动过程?

3. 如何评价31～36月龄段的幼儿精细动作发展水平?

(1)幼儿精细动作发展观察评价方法有哪些?

(2)幼儿精细动作发展水平测评指标是什么?

▶ 操作准备

1. 设施设备：游戏地垫。

2. 物品准备：动物拼图、记录本、笔。

▶ 操作流程（考试流程）

（口述）各位考官好！我是 XX 号考生，我要展示的是 31～36 月龄幼儿精细动作发展活动的设计与实施。

一、评估

1.（口述）幼儿精神状况良好，情绪稳定；本次活动幼儿无须经验准备。

2.（口述）环境干净、整洁、安全，温、湿度适宜。

3.（口述）活动实施的相关玩（教）具及材料准备齐全，干净、无毒、无害。

4.（口述）活动名称：动物拼图。

二、计划

预期目标（口述）：

1. 能把小块拼图放到正确的地方，培养幼儿手眼协调的能力。

2. 认识不同动物，能叫出动物名称。

3. 认识动物的不同部位，知道其特点。

4. 感受小动物的可爱，热爱小动物。

三、实施

1. 老师和幼儿坐在桌子面前。（口述）小朋友好，我是 XX 老师。今天我们一起来玩动物拼图游戏。这里有四个动物拼图，你认识这些是什么动物吗？（拿出完整的拼图给幼儿看）

2.（指着拼图说）对，这是青蛙，这是小猪，这个是小鱼，还有这个是公鸡。那小朋友要选哪两个呢?(边说边把拼图拆开)你要选青蛙和小猪是吗?好的,那公鸡和小鱼就是老师的。我们开始拼吧。

3.(边拼图边和幼儿沟通)老师开始拼公鸡了,这个是它的身体。小朋友先拼青蛙是吗?哇,小朋友拼那么快呀,已经拼好了青蛙。老师也拼完了,老师要开始拼小鱼了。这个是鱼的尾巴,小朋友在拼小猪的身体是吗?然后拼小猪的尾巴,好棒!小朋友拼完啦,小朋友好棒,老师也拼完了。

四、评价

(口述)通过动物拼图游戏锻炼小朋友手眼协调的能力,能够正确认识不同的动物,但在拼图的过程中,小朋友需要多次转动才能把拼图放到正确的位置,小朋友的手指灵活性需要进一步增强。

报告考官,展示完毕。

▷ 评价活动

1. 评价量表(表 16 - 1)。

表 16 - 1　评价量表

评价项目	评价要点	分值	师评分	自评分	组评分	平均分	合计
学习态度 (20分)	按时完成自主学习任务	10					
	认真练习	5					
	动作轻柔,爱护模型(教具)	5					
合作交流 (30分)	按流程规范操作,动作熟练	10					
	按小组分工合作练习	10					
	与家长和幼儿沟通有效	10					
学习效果 (50分)	按操作评分标准(总分折合50%)评价(附评分标准)						
合计							

2. 总结反思。

附：精细动作发展活动设计与实施评分标准

　　该项操作的评分标准包括评估、计划、实施、评价四个方面的内容，总分为100分。测试时间40分钟，其中活动设计25分钟，环境、用物准备5分钟，操作时间10分钟(表16-2)。

表16-2　精细动作发展活动设计与实施评分标准

考核内容		考核点	分值	评分要求	扣分	得分	备注
评估 (15分)	幼儿	经验准备	2	未评估扣2分，不完整扣1~2分			
		精神状况良好，情绪稳定	2	未评估扣2分，不完整扣1~2分			
	环境	干净、整洁、安全，温、湿度适宜	2	未评估扣2分，不完整扣1~2分			
		创设适宜的活动环境	2	未评估扣2分，不适宜扣1~2分			
	照护者	着装整齐，适宜组织活动；普通话标准	2	不规范扣1~2分			
	物品	具体活动实施相关教具及材料准备齐全、干净、无毒、无害	5	未评估扣5分，不完整扣1~5分			
计划 (15分)	口述目标	1. 活动目标具体明确，符合幼儿已有经验和发展需要，能体现领域活动的特征，并恰当融合其他领域	9	未口述目标扣9分，不规范扣1~9分			
		2. 有机整合知识、能力、情感三个维度的发展要求	6	少一个维度扣2分，扣完6分为止			
实施 (60分)	活动实施	1. 围绕目标组织教学，重点突出	5	未达成扣5分			
		2. 教学思路清晰，教学环节包含导入部分、主体部分、结束部分，环节过渡自然，时间分配合理	20	依欠缺程度扣3~20分			

考核内容		考核点	分值	评分要求	扣分	得分	备注
实施 (60分)	活动实施	3. 能恰当运用多元化教学方法和手段，采用适宜的指导策略	3	不合适扣1～3分			
		4. 教学语言简洁流畅，用语准确，有启发性和感染力，有利于激发幼儿主动学习的兴趣	5	不合适扣1～5分			
		5. 操作时动作规范	6	不规范扣1～6分			
		6. 教态自然大方，生动活泼，有亲和力	6	欠缺扣1～6分			
		7. 活动过程中具有一定的安全意识	5	欠缺扣1～5分			
	活动评价	1. 记录课堂中每个幼儿的表现并进行评估	4	未完成扣4分，不完整扣1～4分			
		2. 与家长沟通幼儿的表现，并进行个体化指导	4	表达不清晰，态度较差扣1～4分			
	整理	整理用物，安排幼儿休息	2	无整理扣2分，整理不到位扣1～2分			
评价 (10分)	教学内容	1. 教学内容符合幼儿年龄特点，具有一定的趣味性、教育性	4	不符合年龄特点扣4分，趣味性、教育性欠缺扣1～4分			
		2. 教学难度与容量适度，内容紧紧围绕教育目标	4	未围绕目标扣4分，难度、容量不适宜扣1～4分			
		3. 规范、流畅地完成领域活动设计与展示	2	依欠缺程度扣1～2分			
总分			100				

（韦艳娜）

实训十七　认知发展活动设计与实施

▷ 实操案例

西西在一所托幼机构上班，她所在班级幼儿的年龄在 31～36 月龄。这周的教学主题为动物，需要她依此主题给 31～36 月龄段幼儿设计并实施认知领域活动。

▷ 学习目标

能为 31～36 月龄段的幼儿以动物为主题设计并实施认知活动。

▷ 学习任务

1. 31～36 月龄段的幼儿认知活动的目标和内容有哪些？

(1)教育目标是什么？

(2)教育活动内容有哪些？

2. 如何正确设计和组织 31～36 月龄段的幼儿认知活动？

(1)如何根据幼儿训练活动选择合适的玩(教)具？

(2)如何以动物为主题实施活动过程？

3. 如何评价 31～36 月龄段的幼儿认知发展水平？

(1)幼儿认知发展水平观察评价方法有哪些？

(2)幼儿认知发展水平测评指标是什么？

▷ 操作准备

1. 设施设备：爬行垫或游戏地垫。

2. 物品准备：签字笔、记录本、小卡片。

操作流程（考试流程）

（口述）各位考官好！我是 XX 号考生，我要展示的是幼儿认知活动设计与实施。

一、评估

1.（口述）幼儿精神状况良好，情绪稳定。幼儿有接触常见动物的经验。

2.（口述）环境干净、整洁、安全，温、湿度适宜。活动环境适宜。

3.（口述）活动实施的相关玩（教）具及材料准备齐全，干净、无毒、无害。

4.（口述）活动名称：认识小动物。

二、计划

预期目标（口述）：

1. 幼儿能正确认识小动物。

2. 幼儿能说出小动物生活的环境。

3. 幼儿能意识到动物是人类的朋友，要爱护小动物。

三、实施

1. 展示卡片，引起幼儿兴趣。

（1）把动物卡片摆在幼儿面前。（口述）小朋友们，卡片上的这些是什么呀？对，是小动物。那你们想不想知道它们叫什么名字呢？好，那我们今天就来认识它们，并和它们做朋友吧！

（2）举起卡片一一介绍动物。（口述）这只尾巴长长的，叫猴子。这只鼻子长长的，叫大象。这只有翅膀的，叫小鸟……

2. 展示环境卡片，讲解动物生活的环境。

（口述）小朋友们，这张卡片上是什么呢？对，是草地。这个呢？对，是天空。大象是生活在草地上的，鸟儿是在空中飞的……

3. 利用卡片设计情境，让幼儿把动物与其生活的环境一一对应起来。

（口述）小朋友们，我们来给小动物们找家吧！请把生活在草地上的小动物找出来，放在这张画着草地的卡片旁边吧！找对了，你真棒！那再把在天空中飞的小动物找出来，放在这张画着蓝天的卡片旁边吧！哇，你真聪明，都给小动物们找到家了！

4. 游戏：动物找朋友。

（口述）小朋友们，我们来玩个游戏吧。每个小朋友扮演一只自己喜欢的小动物，然后找到跟自己生活在同一个地方的动物朋友。

（口述）小朋友们都很棒，都找到了自己的动物朋友。动物是我们的好朋友，要爱护动物！

5. 活动评价。

（口述）本次活动使小朋友认识了很多小动物，学习了关于小动物的知识。

6. 整理记录，安排幼儿休息。

报告考官，展示完毕。

▶ **评价活动**

1. 评价量表（表 17 - 1）。

表 17 - 1　评价量表

评价项目	评价要点	分值	师评分	自评分	组评分	平均分	合计
学习态度 （20 分）	按时完成自主学习任务	10					
	认真练习	5					
	动作轻柔，爱护模型（教具）	5					

续表 17－1

评价项目	评价要点	分值	师评分	自评分	组评分	平均分	合计
合作交流 (30分)	按流程规范操作，动作熟练	10					
	按小组分工合作练习	10					
	与家长和幼儿沟通有效	10					
学习效果 (50分)	按操作评分标准(总分折合50%)评价(附评分标准)						
合计							

2. 总结反思。

附：认知发展活动设计与实施评分标准

该项操作的评分标准包括评估、计划、实施、评价四个方面的内容，总分为100分。测试时间40分钟，其中活动设计25分钟，环境、用物准备5分钟，操作时间10分钟(表17－2)。

表 17－2 认知发展活动设计与实施评分标准

考核内容		考核点	分值	评分要求	扣分	得分	备注
评估 (15分)	幼儿	经验准备	2	未评估扣2分，不完整扣1～2分			
		精神状况良好，情绪稳定	2	未评估扣2分，不完整扣1～2分			
	环境	干净、整洁、安全，温、湿度适宜	2	未评估扣2分，不完整扣1～2分			
		创设适宜的活动环境	2	未评估扣2分，不适宜扣1～2分			
	照护者	着装整齐，适宜组织活动；普通话标准	2	不规范扣1～2分			
	物品	具体活动实施相关玩(教)具及材料准备齐全，干净、无毒、无害	5	未评估扣5分，不完整扣1～5分			

考核内容		考核点	分值	评分要求	扣分	得分	备注
计划 （15分）	口述目标	1. 活动目标具体明确，符合幼儿已有经验和发展需要，能体现领域活动的特征，并恰当融合其他领域	9	未口述目标扣 9 分，不规范扣 1～9 分			
		2. 有机整合知识、能力、情感三个维度的发展要求	6	少一个维度扣 2 分，扣完 6 分为止			
实施 （60分）	活动实施	1. 围绕目标组织教学，重点突出	5	未达成扣 5 分			
		2. 教学思路清晰，教学环节包含导入部分、主体部分、结束部分，环节过渡自然，时间分配合理	20	依欠缺程度扣 3～20 分			
		3. 能恰当运用多元化教学方法和手段，采用适宜的指导策略	3	不合适扣 1～3 分			
		4. 教学语言简洁流畅，用语准确，有启发性和感染力，有利于激发幼儿主动学习的兴趣	5	不合适扣 1～5 分			
		5. 操作时动作规范	6	不规范扣 1～6 分			
		6. 教态自然大方，生动活泼，有亲和力	6	欠缺扣 1～6 分			
		7. 活动过程中具有一定的安全意识	5	欠缺扣 1～5 分			
	活动评价	1. 记录课堂中每个幼儿的表现并进行评估	4	未完成扣 4 分，不完整扣 1～4 分			
		2. 与家长沟通幼儿的表现，并进行个体化指导	4	表达不清晰，态度较差扣 1～4 分			
	整理	整理用物，安排幼儿休息	2	无整理扣 2 分，整理不到位扣 1～2 分			

考核内容		考核点	分值	评分要求	扣分	得分	备注
评价 (10分)	教学 内容	1. 教学内容符合幼儿年龄特点，具有一定的趣味性、教育性	4	不符合年龄特点扣4分，趣味性、教育性欠缺扣1～4分			
		2. 教学难度与容量适度，内容紧紧围绕教育目标	4	未围绕目标扣4分，难度、容量不适宜扣1～4分			
		3. 规范、流畅地完成领域活动设计与展示	2	依欠缺程度扣1～2分			
总分			100				

（周玉娟）

实训十八　语言发展活动设计与实施

▷ 实操案例

西西在一所托幼机构上班，她所在班级幼儿的年龄在 31～36 月龄。这周的教学主题为动物，需要她依此主题给 31～36 月龄段幼儿设计并实施语言活动。

▷ 学习目标

能为 31～36 月龄段的幼儿以动物为主题设计并实施语言活动。

▷ 学习任务

1.31～36 月龄段的幼儿语言活动的目标和内容有哪些？

(1)教育目标是什么？

(2)教育活动内容有哪些？

2. 如何正确设计和组织 31～36 月龄段的幼儿语言活动？

(1)如何根据幼儿训练活动选择合适的玩(教)具？

(2)如何以动物为主题实施活动过程？

3. 如何评价 31～36 月龄段的幼儿语言发展水平？

(1)幼儿语言发展水平观察评价方法有哪些？

(2)幼儿语言发展水平测评指标是什么？

▶ 操作准备

1. 设施设备：游戏地垫。

2. 物品准备：小动物图片(小鸽子、小鸡、小黄狗、小白兔)、记录本、签字笔。

▶ 操作流程（考试流程）

(口述)各位考官好！我是XX号考生，我要展示的是31～36个月幼儿语言发展活动的设计与实施，用物已经准备完毕，请问可以开始了吗？

一、评估

1.(口述)幼儿精神状况良好，情绪稳定；本次活动幼儿无须经验准备。

2.(口述)环境干净、整洁、安全，温、湿度适宜。活动环境适宜。

3.(口述)活动实施的相关玩(教)具及材料准备齐全，干净、无毒、无害。

4.(口述)活动名称：可爱的小动物。

二、计划

预期目标(口述)：

1. 教会幼儿正确地说出小动物的名称，并能协调地模仿小动物的动作。

2. 提高幼儿参与集体游戏的积极性，并要求幼儿做到在集体面前说话响亮。

3. 教幼儿学会倾听教师讲解游戏要求和规则，掌握游戏方法，遵守游戏规则。

三、实施

1. 活动实施。

(1)老师先自我介绍。

师：(挥动右手)大家好，我是 XX 老师。

(2)导入。

师：今天有许多可爱的小动物来我们班做客，我们一起来看看是谁来了？

(3)老师拿出小鸽子图片给幼儿看。

师：小朋友们，看看这是什么动物呀？它是怎么来到我们班的呢？

师：对，它就是小鸽子，小鸽子是通过飞的方式来到我们班的。小鸽子的本领可大了，它能飞到很远很远的地方去送信，并且能飞回来，不会迷失方向。你们听，小鸽子是怎样叫的呢？

(老师边用手表现动作边发出声音：两手掌心朝向胸前，大拇指互勾做扑翼动作)

师：咕咕咕……

(4)老师展示小鸡图片。

师：小朋友们，你们再看看这是什么动物呢？

师：噢……这是小鸡。小鸡的嘴巴尖尖的，它喜欢吃什么呢？

师：没错，它喜欢吃虫和米。你们听，小鸡是怎样叫的呢？

(老师边用手表现动作边发出声音：双手大拇指指尖相对、食指指尖相对，其余手指收起)

师：叽叽叽……

(5)老师展示小黄狗图片。

师：快看，小黄狗也来了，它在啃肉骨头。小黄狗最喜欢吃肉骨头了。

师：你们听，小黄狗是怎么叫的呢？

(老师边用手表现动作边发出声音：双手举起至头的两侧，并摆动腕关节)

师：汪汪汪……

（6）老师展示小白兔图片。

师：我们再来认识一下小白兔。大家仔细看，小白兔有什么特征呢？

师：小白兔有长长的耳朵、红红的眼睛，走起路来蹦蹦跳跳的。

（老师双手呈剪刀状举在头上，并做蹦跳动作）

师：好了，接下来老师教大家一首儿歌吧！

念歌词：

> 小鸽子咕咕咕，
>
> 小小鸡叽叽叽，
>
> 小黄狗汪汪汪，
>
> 小白兔蹦蹦跳。

（7）游戏环节。

师：学习了儿歌，我们来做个小游戏。老师说小动物的名字，小朋友们来模仿它的叫声并做出动作。要注意安全哦！

> 小鸽子咕咕咕，
>
> 小小鸡叽叽叽，
>
> 小黄狗汪汪汪，
>
> 小白兔蹦蹦跳。

师：好了，今天我们了解了小动物，学到了许多有趣的知识。老师希望你们回家之后能和爸爸妈妈一起玩这个游戏。

2. 活动评价。

（口述）本次活动使小朋友对动物产生了兴趣，加深了对小动物的认识。通过律动的形式教会小朋友模仿动物的叫声及动作，使其语言、身体运动得到锻炼。

3. 整理用物，安排幼儿休息。

报告考官，活动展示完毕！

▶ 评价活动

1. 评价量表（表 18-1）。

表 18－1　评价量表

评价项目	评价要点	分值	师评分	自评分	组评分	平均分	合计
学习态度 （20分）	按时完成自主学习任务	10					
	认真练习	5					
	动作轻柔，爱护模型（教具）	5					
合作交流 （30分）	按流程规范操作，动作熟练	10					
	按小组分工合作练习	10					
	与家长和幼儿沟通有效	10					
学习效果 （50分）	按操作评分标准（总分折合50%）评价（附评分标准）						
合计							

2. 总结反思。

附：语言发展活动设计与实施评分标准

该项操作的评分标准包括评估、计划、实施、评价四个方面的内容，总分为100分。测试时间40分钟，其中活动设计25分钟，环境、用物准备5分钟，操作时间10分钟（表18－2）。

表 18－2　语言发展活动设计与实施评分标准

考核内容		考核点	分值	评分要求	扣分	得分	备注
评估 （15分）	幼儿	经验准备	2	未评估扣2分，不完整扣1～2分			
		精神状况良好，情绪稳定	2	未评估扣2分，不完整扣1～2分			
	环境	干净、整洁、安全，温、湿度适宜	2	未评估扣2分，不完整扣1～2分			
		创设适宜的活动环境	2	未评估扣2分，不适宜扣1～2分			

考核内容		考核点	分值	评分要求	扣分	得分	备注
评估 (15 分)	照护者	着装整齐，适宜组织活动；普通话标准	2	不规范扣 1～2 分			
	物品	具体活动实施相关玩（教）具及材料准备齐全，干净、无毒、无害	5	未评估扣 5 分，不完整扣 1～5 分			
计划 (15 分)	口述目标	1. 活动目标具体明确，符合幼儿已有经验和发展需要，能体现领域活动的特征，并恰当融合其他领域	9	未口述目标扣 9 分，不规范扣 1～9 分			
		2. 有机整合知识、能力、情感三个维度的发展要求	6	少一个维度扣 2 分，扣完 6 分为止			
实施 (60 分)	活动实施	1. 围绕目标组织教学，重点突出	5	未达成扣 5 分			
		2. 教学思路清晰，教学环节包含导入部分、主体部分、结束部分，环节过渡自然，时间分配合理	20	依欠缺程度扣 3～20 分			
		3. 能恰当运用多元化教学方法和手段，采用适宜的指导策略	3	不合适扣 1～3 分			
		4. 教学语言简洁流畅，用语准确，有启发性和感染力，有利于激发幼儿主动学习的兴趣	5	不合适扣 1～5 分			
		5. 操作时动作规范	6	不规范扣 1～6 分			
		6. 教态自然大方，生动活泼，有亲和力	6	欠缺扣 1～6 分			
		7. 活动过程中具有一定的安全意识	5	欠缺扣 1～5 分			
	活动评价	1. 记录课堂中每个幼儿的表现并进行评估	4	未完成扣 4 分，不完整扣 1～4 分			
		2. 与家长沟通幼儿的表现，并进行个体化指导	4	表达不清晰，态度较差扣 1～4 分			

考核内容		考核点	分值	评分要求	扣分	得分	备注
	整理	整理用物，安排幼儿休息	2	无整理扣 2 分，整理不到位扣 1～2 分			
评价 （10 分）	教学内容	1. 教学内容符合幼儿年龄特点，具有一定的趣味性、教育性	4	不符合年龄特点扣 4 分，趣味性、教育性欠缺扣 1～4 分			
		2. 教学难度与容量适度，内容紧紧围绕教育目标	4	未围绕目标扣 4 分，难度、容量不适宜扣 1～4 分			
		3. 规范、流畅地完成领域活动设计与展示	2	依欠缺程度扣 1～2 分			
总分			100				

（黄美旋）

实训十九　社会性行为发展活动设计与实施

▶ 实操案例

西西在一所托幼机构上班，她所在班级幼儿的年龄在31～36月龄。这周的教学主题为动物，需要她依此主题给31～36月龄的幼儿设计并实施社会性行为发展活动。

▶ 学习目标

能为31～36月龄段的幼儿以动物为主题设计并实施社会性行为发展活动。

▶ 学习任务

1. 31～36月龄段的幼儿社会性行为发展活动的目标和内容有哪些？

(1)教育目标是什么？

(2)教育活动内容有哪些？

2. 如何正确设计和组织31～36月龄段的幼儿社会性行为发展活动？

(1)如何根据幼儿训练活动选择合适的玩(教)具？

(2)如何以动物为主题实施活动过程？

3. 如何评价31～36月龄段的幼儿社会性行为发展活动？

(1)幼儿社会性行为发展水平观察评价方法有哪些？

(2)幼儿社会性行为发展水平测评指标是什么？

▶ 操作准备

1. 设施环境：幼儿活动实训室（图 19 - 1）、多媒体示教室（图 19 - 2）。

图 19 - 1　幼儿活动实训室

图 19 - 2　多媒体示教室

2. 物品准备：树上果子图片、签字笔、记录本。

▶ 操作流程（考试流程）

（口述）各位考官好！我是 XX 号考生，我要展示的是 31～36 月龄幼儿社会性行为发展活动的设计与实施。

一、评估

1.(口述)幼儿精神状况良好，情绪稳定；本次活动幼儿无须经验准备。

2.(口述)环境干净、整洁、安全，温、湿度适宜。活动环境适宜。

3.(口述)活动实施的相关玩(教)具及材料准备齐全，干净、无毒、无害。

4.(口述)活动名称：我是小帮手。

二、计划

预期目标(口述)：

1. 能随着乐曲的节拍做手腕的转动，提高幼儿腕关节的运动能力。

2. 让幼儿通过活动学会帮助他人。

3. 幼儿愿意大胆尝试与同伴分享活动感受。

三、实施

1. 活动实施

(1)带幼儿做热身运动：(边说边做)来，小朋友们，我们现在来跟着音乐一起活动，注意看老师哦！

(2)通过生动的语言引出情景，邀请小朋友一起帮忙摘果子。

师：老师给大家讲一个故事，从前有一大片的森林，森林里住着一位熊伯伯，熊伯伯种了好多果树，现在他一个人摘不完树上的果子，他想邀请小朋友们来帮他摘果子。

(3)老师示范双手摘果子的动作，引导幼儿观察模仿：(边说边做)现在老师给大家演示一下怎么摘果子。小朋友们做得都很棒。

(4)引导幼儿和家长，跟着音乐做"摘果子"游戏。

(边说边做)现在小朋友们和妈妈面对面坐着，我们来做"摘果子"游戏。"我是勤劳小帮手，来帮熊伯伯把果摘。"小朋友们做得很棒，熊伯伯的果子已经被小朋友摘完了。

2. 活动评价。

(口述)今天多亏了小朋友们帮熊伯伯摘果子，熊伯伯的果子都被你们摘

完了，熊伯伯很开心，你们以后要多帮助他人。

3. 整理用物，安排幼儿休息。

报告考官，活动展示完毕！

▶ **评价活动**

1. 评价量表（表 19 - 1）。

表 19 - 1　评价量表

评价项目	评价要点	分值	师评分	自评分	组评分	平均分	合计
学习态度 （20分）	按时完成自主学习任务	10					
	认真练习	5					
	动作轻柔，爱护模型（教具）	5					
合作交流 （30分）	按流程规范操作，动作熟练	10					
	按小组分工合作练习	10					
	与家长和幼儿沟通有效	10					
学习效果 （50分）	按操作评分标准（总分折合50%）评价（附评分标准）						
合计							

2. 总结反思。

附：社会性行为发展活动设计与实施评分标准

该项操作的评分标准包括评估、计划、实施、评价四个方面的内容，总分为 100 分。测试时间 40 分钟，其中活动设计 25 分钟，环境、用物准备 5 分钟，操作时间 10 分钟（表 19 - 2）。

表 19－2　社会性行为发展活动设计与实施评分标准

考核内容		考核点	分值	评分要求	扣分	得分	备注
评估 (15 分)	幼儿	经验准备	2	未评估扣 2 分，不完整扣 1～2 分			
		精神状况良好，情绪稳定	2	未评估扣 2 分，不完整扣 1～2 分			
	环境	干净、整洁、安全，温、湿度适宜	2	未评估扣 2 分，不完整扣 1～2 分			
		创设适宜的活动环境	2	未评估扣 2 分，不适宜扣 1～2 分			
	照护者	着装整齐，适宜组织活动；普通话标准	2	不规范扣 1～2 分			
	物品	具体活动实施相关玩(教)具及材料准备齐全，干净、无毒、无害	5	未评估扣 5 分，不完整扣 1～5 分			
计划 (15 分)	口述目标	1. 活动目标具体明确，符合幼儿已有经验和发展需要，能体现领域活动的特征，并恰当融合其他领域	9	未口述目标扣 9 分，不规范扣 1～9 分			
		2. 有机整合知识、能力、情感三个维度的发展要求	6	少一个维度扣 2 分，扣完 6 分为止			
实施 (60 分)	活动实施	1. 围绕目标组织教学，重点突出	5	未达成扣 5 分			
		2. 教学思路清晰，教学环节包含导入部分、主体部分、结束部分，环节过渡自然，时间分配合理	20	依欠缺程度扣 3～20 分			
		3. 能恰当运用多元化教学方法和手段，采用适宜的指导策略	3	不合适扣 1～3 分			
		4. 教学语言简洁流畅，用语准确，有启发性和感染力，有利于激发幼儿主动学习的兴趣	5	不合适扣 1～5 分			

考核内容		考核点	分值	评分要求	扣分	得分	备注
实施 （60分）	活动 实施	5. 操作时动作规范	6	不规范扣 1～6 分			
		6. 教态自然大方，生动活泼，有亲和力	6	欠缺扣 1～6 分			
		7. 活动过程中具有一定的安全意识	5	欠缺扣 1～5 分			
	活动 评价	1. 记录课堂中每个幼儿的表现并进行评估	4	未完成扣 4 分，不完整扣 1～4 分			
		2. 与家长沟通幼儿的表现，并进行个体化指导	4	表达不清晰，态度较差扣 1～4 分			
	整理	整理用物，安排幼儿休息	2	无整理扣 2 分，整理不到位扣 1～2 分			
评价 （10分）	教学 内容	1. 教学内容符合幼儿年龄特点，具有一定的趣味性、教育性	4	不符合年龄特点扣 4 分，趣味性、教育性欠缺扣 1～4 分			
		2. 教学难度与容量适度，内容紧紧围绕教育目标	4	未围绕目标扣 4 分，难度、容量不适宜扣 1～4 分			
		3. 规范、流畅地完成领域活动设计与展示	2	依欠缺程度扣 1～2 分			
总分			100				

（郭佩勤　黄小萍）

实训二十 亲子活动的设计与实施

▶ 实操案例

　　西西在一所托幼机构上班，她所在班级幼儿的年龄在31～36月龄。这周的教学主题为动物，需要她依此主题给31～36月龄幼儿设计并实施亲子活动。

▶ 学习目标

　　能为31～36月龄段的幼儿以动物为主题设计并实施亲子活动。

▶ 学习任务

　　1. 31～36月龄段的幼儿亲子活动的目标和内容有哪些？

　　(1)教育目标是什么？

　　(2)教育活动内容有哪些？

　　2. 如何正确设计和组织31～36月龄段的幼儿亲子活动？

　　(1)如何根据幼儿训练活动选择合适的玩(教)具？

　　(2)如何以动物为主题实施活动过程？

　　3. 如何评价31～36月龄段的幼儿亲子活动发展水平？

　　(1)幼儿亲子活动发展水平观察评价方法有哪些？

　　(2)幼儿亲子活动发展水平测评指标是什么？

▷ 操作准备

1. 设施设备：爬行垫。

2. 物品准备：音频、图片、玩具医药箱（1 套）、手消毒液、记录本、笔。

▷ 操作流程（考试流程）

（口述)各位考官好！我是 XX 号考生，我要展示的是亲子活动的设计与实施。

一、评估

1. 幼儿精神状态良好，情绪稳定；本活动幼儿无须经验准备。

2. 环境干净、整洁、安全，温、湿度适宜。

3. 活动实施的相关玩(教)具及材料准备齐全，干净、无毒、无害。

二、计划

预期目标(口述)：

幼儿发展目标：①通过训练和观察，增强幼儿的认知能力。②通过游戏促进亲子关系和了解游戏的规则意识。③通过角色扮演游戏，熟悉生病就医的流程及常见医用器具的功能，培养幼儿的爱心及角色责任感。

家长指导目标：①引导幼儿了解鸡的形象与声音，并尝试用动作进行模仿与表现。②萌发幼儿的规则意识，能够完成亲子配合。③激发幼儿的角色意识，愿意参与游戏。

三、实施

1. 活动要求。

（口述)我们的亲子活动即将开始了，请家长和小朋友在老师的对面以半圆的形式坐下来,请坐。

2.下面进行第一个环节(礼仪相识活动)。

(1)活动目标:提高幼儿自我意识,增强自我表现力;满足被关注的心理需求,增强自信心;培养幼儿的社交能力,学会等待和尊重他人。

(2)(口述)大家好!我是XX老师,希望大家喜欢我,谢谢!拍手欢迎老师吧。下面轮到小朋友们做自我介绍,如果不愿意到前面来,小朋友可以在自己的位置上做自我介绍。从老师右手边的第一个小朋友开始,小朋友们的自我介绍都做完了,一首好听的欢迎歌送给大家。(播放歌曲)

(3)(口述)回到家中,可以让小朋友在家庭成员面前做自我介绍,增强小朋友的自信心。

3.下面进行我们的主题活动:公鸡一家。今天老师带来了公鸡一家和小朋友们做游戏。

活动一:首先我们来认识公鸡一家。图片上是公鸡一家,上面有鸡爸爸、鸡妈妈、鸡宝宝。鸡爸爸能打鸣,鸡妈妈能下蛋,鸡宝宝能捉虫。我们再来听一听它们的声音吧。咯咯咯,这是公鸡的声音,再来听一听母鸡的声音,咯咯咯哒,这是母鸡的声音。叽叽叽叽,这是小鸡的声音。下面请家长和小朋友也来模仿它们的声音吧,家长要鼓励小朋友大胆模仿,增强小朋友的自我表现力。

活动二:我们再来模仿公鸡一家的动作吧,公鸡是什么样子的呢?公鸡有鸡冠和一个大尾巴。母鸡呢?母鸡会扇动翅膀。小鸡呢?小鸡有尖尖的嘴巴。我们再来模仿一遍吧。请家长和小朋友们一起来做一做,小朋友们模仿得都很棒。

活动三:有一只公鸡也想和大家一起做游戏,但是它生病了。让我们来给它治病吧,先来看老师是怎么做的。这是医药箱。先来量体温,再来给它喂点药吧!公鸡病好了,下面请小朋友们来给公鸡治病吧。小朋友们都很棒!公鸡的病都被你们治好了,它就可以和大家做游戏了。

4.活动评价。

在活动过程中,大部分小朋友都能够大胆地模仿公鸡一家的声音和动作,表现得非常棒。但有的小朋友不是特别主动,可以让小朋友在家里表演和展示，增强自信心。在亲子游戏互动过程中，小朋友们和妈妈的配合度还是很好的。多做亲子游戏，可以增加亲子间感情。

5. 整理用物，安排幼儿休息。

报告考官，活动展示完毕。

▶ **评价活动**

1. 评价量表（表 20 - 1）。

表 20 - 1　评价量表

评价项目	评价要点	分值	师评分	自评分	组评分	平均分	合计
学习态度 （20分）	按时完成自主学习任务	10					
	认真练习	5					
	动作轻柔，爱护模型（教具）	5					
合作交流 （30分）	按流程规范操作，动作熟练	10					
	按小组分工合作练习	10					
	与家长和幼儿沟通有效	10					
学习效果 （50分）	按操作评分标准（总分折合50%）评价（附评分标准）						
合计							

2. 总结反思。

附：亲子活动的设计与实施评分标准

该项操作的评分标准包括评估、计划、实施、评价四个方面的内容，总分为 100 分。测试时间 60 分钟，其中活动设计 30 分钟，环境、用物准备 5 分钟，操作时间为 25 分钟（表 20 - 2）。

表 20-2 亲子活动的设计与实施评分标准

考核内容		考核点	分值	评分要求	扣分	得分	备注
评估 (15分)	幼儿	经验准备	2	未评估扣2分，不完整扣1~2分			
		精神状况良好，情绪稳定	2	未评估扣2分，不完整扣1~2分			
	环境	干净、整洁、安全，温、湿度适宜	2	未评估扣2分，不完整扣1~2分			
		创设适宜的活动环境	2	未评估扣2分，不适宜扣1~2分			
	照护者	着装整齐，适宜组织活动；普通话标准	2	不规范扣1~2分			
	物品	具体活动实施相关教具及材料准备齐全，干净、无毒、无害	5	未评估扣5分，不完整扣1~5分			
计划 (15分)	口述 目标	1. 教学目标包括幼儿发展目标与家长指导目标，目标制订具体明确	9	未口述目标扣9分，不规范扣1~9分			
		2. 幼儿发展目标符合幼儿已有经验和发展需要	3	不符合扣3分			
		3. 幼儿发展目标有机整合知识、能力、情感三个维度的发展要求	3	少一个维度扣1分，扣完3分为止			
实施 (60分)	活动 实施	1. 围绕目标组织教学，重点突出	5	未达成扣5分			
		2. 教学思路清晰，教学环节包含导入部分、主体部分、结束部分，主体部分不少于三个环节。环节过渡自然，时间分配合理	10	依欠缺程度扣3~10分			
		3. 能恰当运用多元化教学方法和手段，采用适宜的指导策略	3	不合适扣1~3分			

考核内容		考核点	分值	评分要求	扣分	得分	备注
实施 （60分）	活动 实施	4. 教学语言简洁流畅，用语准确，有启发性和感染力，有利于激发幼儿主动学习的兴趣	5	不合适扣1～5分			
		5. 操作时动作规范	5	不规范扣1～5分			
		6. 教态自然大方，生动活泼，有亲和力	4	欠缺扣1～4分			
		7. 家长指导语简洁明了，重点突出	5	未指导扣5分，指导不充分扣1～5分			
		8. 尊重幼儿的个体差异，实施因人而异的个体化指导	3	未完成扣3分			
		9. 活动过程中具有一定的安全意识	5	欠缺扣1～5分			
		10. 家庭延伸活动设计合理，围绕亲子活动目标进行	5	未延伸扣5分，不恰当扣1～5分			
	活动 评价	1. 记录课堂中每个幼儿的表现并进行评估	4	未完成扣4分，不完整扣1～4分			
		2. 与家长沟通幼儿的表现，并进行个体化指导	4	表达不清晰，态度较差扣1～4分			
	整理	整理用物，安排幼儿休息	2	无整理扣2分，整理不到位扣1～2分			
评价 （10分）		1. 教学内容符合幼儿年龄特点，具有一定的趣味性、教育性	3	不符合年龄特点扣3分，趣味性、教育性欠缺扣1～3分			

续表 20-2

考核内容	考核点	分值	评分要求	扣分	得分	备注
评价 (10分)	2. 内容应包含粗大动作、精细动作、认知、语言、社会性、艺术等幼儿发展的主要方面	5	内容单一扣5分，不够丰富扣1～5分			
	3. 教学难度与容量适度，内容紧紧围绕教育目标	2	未围绕目标扣2分，难度、容量不适宜扣1～2分			
总分		100				

（张雪丹）

模块五

发展环境创设

实训二十一　活动室区域创设

▷ 实操案例

西西在一所托幼机构上班,今年需要她给新的班级进行区域的规划。要求是针对新的活动室设计区域划分图,同时也需要她在新生家长会上向家长讲解区域的划分与功能分析,同时针对一个区域进行材料投放的讲解。

▷ 学习目标

完成幼儿活动室区域创设与讲解。

▷ 学习任务

如何对幼儿活动室进行区域规划?

1. 怎样设计区域划分图?

2. 各个分区的功能是什么?

3. 各个分区要投放哪些材料?

▷ 操作准备

1. 实施环境:幼儿活动实训室(图 21-1)、多媒体示教室(图 21-2)。

2. 设施设备:桌椅(图 21-3)。

3. 物品准备:签字笔、记录本。

图 21-1　幼儿活动实训室

图 21-2　多媒体示教室

图 21-3　桌椅

▶ 操作流程（考试流程）

（口述）各位考官好！我是 XX 号考生，我要展示的是活动室区域创设。

一、评估

1. 幼儿精神状况良好，情绪稳定。

2. 环境干净、整洁、安全，温、湿度适宜。

3. 活动实施的相关玩（教）具及材料准备齐全，干净、无毒、无害。

二、计划

预期目标（口述）：

1. 顺利完成并展示活动室区域规划设计图。

2. 清晰讲解区域的划分与功能，以及某一区域的材料投放。

三、实施

1. 展示活动室区域设计图。

(口述)这是我做的活动室区域创设图。活动室区域划分为：户外活动区、种植区、分餐区、用餐区、日常生活区、艺术区、益智区、语音区、感官体验区、睡眠区。活动区域安全舒适、布局合理、隔断明显、自主开放。

2. 讲解设计图。

(口述)下面我选取其中一个区域——日常生活区，来进行详细解说。

日常生活区的功能：能帮助幼儿锻炼生活技能，提高自理能力，体验生活。

投放材料：小碗、小勺；生活中的物品(如蔬菜、水果等)；简单的劳动工具等。

活动内容：练习使用小勺，手眼协调地拿、切蔬菜、水果等。

3. 评价。

(口述)我创设的活动室区域划分明确，材料投放丰富，适宜幼儿活动。

报告考官，展示完毕。

▶ 评价活动

1. 评价量表(表21-1)。

表21-1 评价量表

评价项目	评价要点	分值	师评分	自评分	组评分	平均分	合计
学习态度 (20分)	按时完成自主学习任务	10					
	认真练习	5					
	动作轻柔，爱护教具	5					

评价项目	评价要点	分值	师评分	自评分	组评分	平均分	合计
合作交流 （30分）	按流程规范操作，动作熟练	10					
	按小组分工合作练习	10					
	与家长沟通有效	10					
学习效果 （50分）	按操作评分标准（总分折合50%）评价（附评分标准）						
合计							

2. 总结反思。

附：活动室区域创设实施评分标准

该项操作的评分标准包括评估、计划、实施、评价四个方面的内容，总分为100分。测试时间30分钟，其中活动室区域设计25分钟，考生讲解时间5分钟（表21－2）。

表21－2　活动室区域创设与实施评分标准

考核内容		考核点	分值	评分要求	扣分	得分	备注
评估 （10分）	幼儿	精神状况良好，情绪稳定	2	未评估扣2分			
	环境	干净、整洁、安全，温、湿度适宜	2	未评估扣2分			
	照护者	着装整齐；普通话标准	3	不规范、不标准扣1～3分			
	物品	活动实施的相关教具及材料准备齐全，干净、无毒、无害	3	未评估扣3分，不完整扣1～3分			

考核内容		考核点	分值	评分要求	扣分	得分	备注
计划 (5分)	预期 目标	1. 顺利完成并展示活动室区域规划设计图	3	不完整扣1～3分			
		2. 清晰讲解区域的划分与功能，以及某一区域的材料投放	2	未讲解扣2分，不完整扣1～2分			
实施 (75分)	展示 活动 室区 域设 计图	1. 能准确把握活动室区域规划需求，完成预期任务	15	依欠缺程度扣1～15分			
		2. 教育理念科学、设计思路清晰	5	依欠缺程度扣1～5分			
		3. 空间布局合理，区域划分明确	10	依欠缺程度扣1～10分			
	设计图 讲解	1. 讲解详细、准确、全面，条理清晰	10	依欠缺程度扣1～10分			
		2. 语言简洁流畅，教态自然大方	5	依欠缺程度扣1～5分			
		3. 区域划分及功能讲解明晰、完整，适宜幼儿活动	15	依欠缺程度扣1～15分			
		4. 材料投放丰富、适宜，能够激发幼儿积极性	15	依欠缺程度扣1～15分			
评价 (10分)		1. 讲述具体清晰，活动室区域设计科学合理	5	依欠缺程度扣1～5分			
		2. 区域创设具有一定的安全意识	5	缺失扣5分			
总分			100				

（罗　莹　黄珍玲）